猎捕 THE HUNT

动物世界生存之战

[英]阿拉斯泰尔·福瑟吉尔（Alastair Fothergill） ［英］休·科尔代（Huw Cordey） 著

魏波珣子 刘晓艳 黄睿睿 史星宇 译

人民邮电出版社

北京

目　录

序　6

第 1 章　艰难的挑战　13

第 2 章　森林——躲避与搜寻　51

第 3 章　平原——无处藏身　85

第 4 章　海岸——只争朝夕　127

第 5 章　北极——受制于季节　161

第 6 章　海洋——海中求生　199

第 7 章　与捕食者同行　237

致　谢　308

图片来源　309

序

——大卫·阿滕伯勒

在一望无际的非洲大草原上拍摄野生动物，可能是摄像师需要面对的最为棘手的工作之一。你得如往常一样，确保所拍摄的动物不会察觉到你的存在。但在这种环境条件下，你要留意的就不是一种而是两种动物了，即猎物和捕食者。如果你在跟踪它们的过程中被任何一方发现，就有可能丧失拍摄机会。你必须深思熟虑，知

◀ **观察猎物的猎豹。** 小猎豹家族住在塞伦盖蒂平原上一个地势较高的地方。站在高处，它们不仅可以防范狮子和鬣狗，还能观察猎物。尽管猎豹们联合起来有可能捕到猎物，但仍有超过 15% 的猎物最终会落入其他捕食者口中。

道自己究竟该藏身于何处。你应当处于捕食者的前方而非后方。此外，你的位置还要远远领先于猎物，因为那里更接近猎捕最终发生之处。为了做到这一点，你必须知道或者能够判断，依据二者的特性，好戏将在何处上演。河流转弯处有可能成为捕食者的天然屏障，一片沼泽地或许就会拖慢动物飞奔的脚步。如果你能在不被察觉的情况下占据地势稍高之处，也许就能获得绝佳的拍摄视角，否则你很有可能一无所获。

60 年前，自然历史节目还处于起步阶段。据说当时非洲野生动物节目最为成功的制片人之一曾开出 500 英镑的高价聘请摄像师，这在

当时对于任何一位能拍到雄狮猛扑角马的清晰画面的摄像师来说，都不是一个小数目。可很多年过去了，还没有应征者。

当然，时至今日，拍摄设备先进多了。我们有了更精密、更全能的设备——强大的长焦距镜头，不必靠近拍摄目标就能拍到特写镜头；摄像机支架让镜头不再摇晃，即使你坐在一辆疾驰于灌丛中的吉普车里，也能拍到让人满意的图像。事实上，许多追逐大战只在光线十分微弱的月夜里上演，这时高灵敏度摄像机比肉眼"看得"更清楚。电子设备能将动作（速度）放慢为原来的 1/400，动作上的细微差别和其他细节都一目了然。

如今和过去一样，你或许有当地的动物专家带路，还可能有已经研究某种特定物种的行为习性几十年的科学家相助，但只要你做的这个项目足够重要，你就依然需要其他摄像师的配合，兼顾不同方位，以便将即将上演的大戏记录完整。

为了拍到捕食者与猎物间的较量这一自然界中最戏剧化的场景，所有的付出都是值得的。越到生死攸关之际，动物的生存本领往往发挥得越淋漓尽致。

当然，捕食者与猎物间的较量绝不仅限于非洲大草原，它们在地球上的每个生态系统里、每片土地上斗智斗勇。北极熊和角雕都是独行侠，鬣狗和虎鲸则喜欢团队协作。蜘蛛口吐柔丝，精心编织温柔的陷阱；海草鱼伪装技艺高超，可以隐藏得很好。确实如此，不管是追逐还是逃离，动物王国里的每一项技巧和本领，都可能由不同的动物在任何一个地方施展。

你或许会认为，如果要将猎捕的过程全部记录下来，必定会以捕杀结尾。事实上果真如此吗？其实，这是对大自然极大的误解，因为大多数猎捕行动并不以死亡收尾。本书和《猎捕》这部电视系列纪录片的主题并非杀戮，而是强调捕食者与猎物之间的关系。实际上，正是这种种较量造就了自然界中动物最为强大的体能、最为完善的感官系统以及最为成熟的行为策略。在接下来的内容中，我们将以各种惊心动魄、令人难以忘怀的细节来印证这一说法。

第 1 章

艰难的挑战

捕食者与猎物之间存在着自然界中最戏剧化的关系——此言非虚，因为这事关生死。猎捕也好，逃亡也罢，捕食者和猎物都因周遭环境掌握了一连串令人拍案叫绝的招数。不同的环境代表了不同程度的挑战。在塞伦盖蒂平原上，矮草无法遮挡潜行的豹；在加拿大的苔原上，驯鹿无处躲避狼的追踪；在广阔无垠的蓝色海洋里，鲸必须长途跋涉去寻找食物；在非洲中部的热带森林里，捕食者和猎物玩起了捉迷藏。大多数游戏以捕食者的失败告终。为了在与猎物的博弈中取得胜利，捕食者需要掌握与自身所处环境相适应的特殊本领。

▶ **猎捕水牛。**一头狮子在面对水牛群的攻击时，只有逃命的份儿。只有当一群雌狮集体行动时，它们才可能扑倒一头水牛。

◀◀（第 12~13 页）**冰上猎手。**一头年轻的北极熊从浮冰上一跃而起，追捕猎物。但随着夏日来临，冰块消融，猎捕的成功率越来越低。

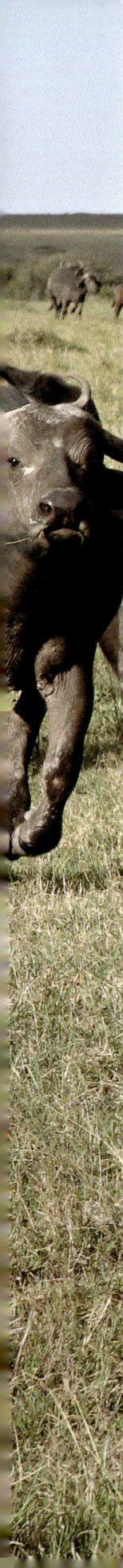

速度的较量

对于世界上许多顶尖的捕食者来说，速度是成功的关键。游隼当属鸟类中速度最快的捕食者，其水平飞行速度可轻易达到65~95千米/时。虽说个别种类的涉禽、野鸭和鸽子能在水平速度上超越游隼，但俯冲才是游隼真正的拿手本领。游隼将双翼紧贴在身体两侧，能以320千米/时的速度冲向毫无防备的猎物。但由于速度过快，游隼直接抓取猎物会发生危险，于是它收起利爪，转而对着猎物的后脑发动一记猛击。这一招屡试不爽，因而除了南极洲，全世界其他地方几乎1/5的鸟类都可谓游隼的囊中之物。

水下捕食者在速度方面无法与鸟类相提并论——水的黏性会导致其速度减缓。水下动作最快的尖吻鲭鲨的速度可达50千米/时，瞬时爆发速度更是达到了74千米/时，着实让人惊叹。尖吻鲭鲨先游到猎物下方，再向上跃起，在猎物毫无察觉的情况下将其吞入腹中。

不过，海洋中最快的捕食者是剑鱼，其速度可达108千米/时。和其他长吻鱼类一样，剑鱼拥有遍布全身的肌肉和完美的流线型身材。它不仅能将瞬时爆发速度与惊人的耐力相结合，还能将正常速度保持在48千米/时以上。剑鱼通常独自在寒流和暖流交汇处花费长达数天

◀ **猛击、捉住、抓起。** 游隼握爪成拳，将鹬鸟打落到沙滩上，再逗弄它，将它从海浪里捞起来。随后，游隼便抓着它飞上一根栖木，在那儿用尖喙啄断其脊骨。

▲ **短跑高手。**疾驰中的猎豹只用几秒便能追上它的猎捕目标——汤氏瞪羚。相对于猎物，猎豹的速度更快，身体也更加敏捷，但如果追逐的距离过远，汤氏瞪羚能凭借耐力逃脱。

奔跑速度最快的猎手

猎豹能达到的最快速度堪称传奇，有据可查的数值为 93 千米 / 时。猎豹的全身构造皆为速度而生。它的体形瘦削，胸廓狭窄，腿长而有力，心肺巨大。它的肌肉中遍布对于疾跑至关重要的快速收缩肌纤维，一半肌肉都分布在脊椎周围。猎豹的脊椎是所有大型猫科动物中最长、最柔韧的，而这正是其速度快的关键所在。这种身体结构能够支撑更高的步频以及近乎 10 米的步长。猎豹跨出一步时，大半距离都处于凌空状态。但是，拥有这样柔韧的脊椎也是要付出代价的。猎豹奔跑时，身上最重的髋部和胸部不断移动，需要消耗大量能量。这就意味着它只能以这样的速度疾跑 10 秒。

猎豹的整个捕猎策略都围绕这 10 秒的限制展开。小型羚羊是它的最爱，其中包括跳羚、黑斑羚和汤氏瞪羚。这些羚羊的最快速度大致为 77 千米 / 时——比猎豹慢，但仅当后者在疾跑时才是如此。因此，猎豹的猎捕行动是否成功，取决于它能否跟踪猎物至自己能追杀的距离。这要求在极速追捕开始前，猎豹必须悄无声息地潜行至距猎物 50

米以内的地方。但凡再远一点，它就会在扑倒猎物前泄劲。在非洲的矮草平原上（典型的猎豹栖息地），遮蔽物少之又少。因此，一只猎豹要花上 10~20 分钟潜行。它将头部压低，呈半蹲伏姿势向前爬行，或者先奔跑，然后突然停止，再小心翼翼地前进，最后进入爆发式狂奔状态。

与在猎捕过程中选择猎物的鬣狗和非洲野狗不同，猎豹从一开始就选好了要跟踪的目标，并且极少在追捕中途更换目标。由于经常消耗巨大的能量，猎豹需要捕食个头较大的动物才能满足身体的需求。在拥有适合短跑的身材的同时，猎豹失去了像狮子和豹一样一击致命的力量。当猎物失去平衡翻倒在地时，猎豹便用下颌抵住它的气管，使其窒息死亡。除了个头，猎豹选择猎物时最重要的考虑因素便是猎物的警觉性。被猎物发现之后，在 75% 的情况下，猎豹会放弃捕猎。因此，经验不足的瞪羚幼崽就成了最受猎豹喜爱的猎物。族群外围落单的几只警惕性较低的汤氏瞪羚常常成为猎豹的目标，而这些瞪羚通常为雄性。

开始冲刺后，猎豹的呼吸频率从 60 次 / 分飙升至 150 次 / 分，心率每分种增加 50 多次。但只有速度还不行，因为羚羊擅长沿"之"字形路线拐弯。只有从俯视的角度，你才能真正欣赏到猎豹有多么灵活。它的后爪在追捕过程中呈张开状态，抓力强劲，但前爪会在一定程度上收

缩，以便保持锋利，撕碎猎物。

在非洲的所有捕食者中，猎豹捕猎的成功率仅次于非洲野狗。平均而言，它们有一半的猎捕行动以成功结束。由于为了速度牺牲了力量，在面对狮群和鬣狗群时，猎豹无法保护自己和已经到手的猎物。在塞伦盖蒂平原上，猎豹超过 13% 的猎物最终会被抢走。

潜行大师

你在非洲的灌丛里待上数月也不见得能看到豹，在大白天拍摄到捕猎的豹的概率更是微乎其微。豹喜欢在遍布花斑的植被中潜行，它的斑点外衣恰好为自己提供了完美的伪装。作为潜行大师，它比其他捕食者利用伪装的次数更多，并借此靠近目标（在瞬间提速抓住猎物前，通常与猎物之间只剩下不到 4 米的距离）。这是一种适应性极强的策略，在非洲撒哈拉以南地区、南亚以及阿尔卑斯山脉都能成功。

豹也不挑食——仅非洲就有 92 个物种在豹的猎捕名单里。豹凭借庞大的体形和强健的体格，足以对付如旋角大羚羊一样大小的动物，但它偏爱小型动物，特别是在捕猎的困难时期。诸如黑斑羚、薮羚和麂羚等体重在 20 千克左右的动物都是豹的绝佳猎捕对象，但如果猎物的数量太少，豹也会以豪猪和猴子等为食。

豹是贴地行走、慢速潜行的高手，只有 20 厘米高的植被便足以将其遮蔽。这种潜行猎手数量最多的地区当数非洲中部的热带雨林。这里的植被为豹提供了极佳的遮蔽物，它的策略也从主动出击变为伏击。这种方法常用来对付被树上掉下的美味水果所吸引的麂羚和猴子。大如红河猪、聪明如黑猩猩的动物都中过这种圈套。事实上，豹对于黑猩猩算得上严重威胁，但曾有人看到一些黑猩猩聚集起来，将一只豹逼入窘境，用树枝威胁它。

◀ **观察者。**在肯尼亚的马赛马拉国家公园里，一只豹盯着正在悠闲吃草的黑斑羚群。它的策略是先潜行至最有利的攻击距离（4 米以内），这样可以将一些中等体形的猎物扑倒并拖至隐蔽处或带到树上，以此避免狮子和鬣狗抢夺猎物。

豹最有效的伪装便是黑暗，它几乎只在夜晚出没。在红外线摄像机的镜头中，它一寸一寸地接近猎物，大师级的潜行猎捕技巧一览无余。在夜深人静之时，动物踩在落叶上发出的沙沙声和小树枝断裂的声音要比白天大得多，但羚羊仍在漫不经心地嚼着草，直到豹突然冲出来。于是，随着一阵尘土扬起，只听到一只羚羊向同伴发出了最后一声警报，最终万物归于寂静。

　　豹捕猎的成功率远低于猎豹。在塞伦盖蒂平原上，豹成功捕杀猎物的概率只有5%。但到了南非克鲁格国家公园，有了更茂密的植被遮挡时，这一概率提高到了16%。而在纳米比亚，豹几乎全在夜间行动，

▼ **潜行大师。**豹俯身贴地，可以藏在仅20厘米高的植被中。即便如此，豹在白天捕食也极难成功，所以在领地范围内，豹通常在夜间捕食。

成功的概率为 38%。就算豹成功杀死猎物，也有 10% 的猎物会被狮子和斑鬣狗抢去。但和猎豹不同，豹有力气将猎物拖至树上，让争夺者够不着。

成群结队

许多捕食者选择集体捕猎的方式，通常是因为这能让它们抓到比自身体形大的猎物。在大型猫科动物中，一个家族中可能有三四只豹会在生命中的某个阶段一同捕猎，只有狮子始终选择群居，一起捕猎。狮群的规模会随着领地情况的变化而变化，一般为 4~40 头不等。在一

个狮群中，通常为雌狮带领幼狮，再加上一两头成年雄狮，后者负责保护狮群的安全，但很少在捕猎方面出力。只有当追捕诸如水牛和大象这样体形巨大的猎物时，雄狮才参加行动。这主要是因为雄狮的体重差不多是雌狮的两倍，而且它们的速度较慢。的确，狮子并非为速度而生——雌狮的最高速度不到 64 千米 / 时，它们也缺乏耐力。在平原上，雌狮只能跑 2~3 分钟，这就意味着斑马、角马和水牛等这些最受狮子喜爱的猎物很容易摆脱它们。所以，为了猎捕成功，狮群需要

▼ 以多取胜。 一大群雌狮分食一头角马。要喂饱这么多张嘴，栖息地必须有大量猎物才行。实际上，相对于捕猎，狮群的大小对于守护栖息地、赶走鬣狗和可能杀死幼崽的雄狮更为重要。

到达距离目标猎物 30 米以内的地方。也就是说，它们需要利用高大的植物来掩护或者在夜间行动。

在诸如埃托沙国家公园这样的开阔地带，狮群中的狮子会相互协作，其中几头把猎物驱赶到同伴设好的包围圈中。捕猎成功的概率和参与捕猎的雌狮数量直接相关。但在这片环境恶劣的栖息地上，即使最厉害的狮群的成功率也只有 15%。

当塞伦盖蒂平原上的猎物数量大大增多时，捕猎成功的概率便会提升至 23%，但群体捕猎的优势也会被削弱。狮群共同捕猎、分享猎物，每头狮子得到的食物并不会比其单独捕猎时得到的食物多。那么，为何塞伦盖蒂平原的狮群还要群体协作呢？主要原因可能有两个。首先，狮群越庞大，就越有把握守住最优质的栖息地，而且塞伦盖蒂平原上树木繁茂，并不缺乏水源，可以为群体捕猎提供更好的保障。其次，群居还可以提高保护能力，防范其他狮群的雄狮或鬣狗等捕杀它们的幼崽。总而言之，群居的雌狮比它们独居的姐妹繁殖后代的成功率要高。

无情的野狗

非洲给人印象最深刻的群居捕食者当数非洲野狗，其集体捕猎的成功率极少低于 33%，通常高达 85%。我们很难想象其他捕食者会有这般高效的捕猎行动。非洲野狗总是集体捕猎，有时数量可以达到 40~50 只。东非的野狗体重约为 25 千克，南非的野狗体重大约为 30 千克。为了捕杀体形大如斑马和角马的猎物，野狗必须相互协作。

尽管在今天人们还未能完全了解动物协作的自然习性，但非洲野狗协作捕猎的场景相当引人注目。猎豹靠双眼观察猎物。人们一般认为猎豹只在白天捕猎，通常是在黎明或日落时分。现在我们知道，只要有足够明亮的月光，这两种动物就会在夜间捕猎。野狗在捕猎之前会来一场闹哄哄的聚会，低低的呜咽声和嗷嗷的吼叫声不绝于耳。它们不仅会兴奋地摇尾巴，还会相互舔舐、磨蹭。这样可以在捕猎开始前增进群体间的感情，重新确立等级关系。它们需要在追捕开始前热身，先是走路，随后变为小跑，最终大步奔跑起来。现在，它们已经做好了捕猎的准备。

一旦领头的野狗瞄准了合适的目标，它就会停下来等待其他同伴。等全数聚齐，它们便展开攻势，专心致志地追捕猎物。野狗们开始低头潜行。只有当猎物意欲逃跑时，它们才会改变行进方式。等它们提速至 64 千米 / 时，疯狂的追捕大战就正式开始了。

在非洲南部的森林里，追捕距离可能只有 600~800 米。如果成功的概率不大，领头的野狗便会停下。在地势开阔的非洲东部，它们会持续追捕 20 分钟，距离超过 1000 米。对于这种追捕方式所体现的协作，人们的看法不一，但我们从空中看这种捕猎行动时，野狗看上去的确像是在合作。

在野狗居住的森林里，你时常能看到一只野狗远离族群，似乎想切断猎物的退路。在旷野中观察一场持久的猎捕行动，你会很清楚地看到领头的野狗在追逐过程中不断更替。有人相信这种更替方式能给整个群体带来更多活力，以确保领头的野狗永远是"新鲜血液"。还有人对紧随其后并最终替代领头者的野狗仍能保持充沛的体力表示好奇。一旦到了最终的猎杀环节，群体捕猎的真正优势就显现出来了。

单只野狗无法靠一己之力捕捉一头成年角马，但对一群野狗来说，这就不在话下了。孤立一头角马后，野狗轮流上前咬它的后腿，使其丧失行动能力。然后，两三只野狗咬住角马的尾巴，拖慢其速度。最后阶段便是野狗撕咬分食猎物，虽然这种场面看上去残忍血腥，但同样彰显了大自然的本质和团队协作的价值。所有野狗都能分享它们的战利品。"呜——"猎手们发出独特的声音，响彻森林，呼唤远处掉队的同伴一起来

▲ **马拉松选手。**在赞比亚平原上，野狗们快速奔跑，对角马紧追不舍。它们的策略就是累垮角马。

▶ **选择目标。**一大群野狗正在逼近角马群。在这场猎捕中，野狗成功地孤立并最终捕捉到了它们的目标猎物。

享用食物。在其他群居性捕食者中，年轻一代都必须等年长者饱腹后才能进食。但野狗不同，当年出生的幼崽先吃，而成年野狗则分散站在食物四周，防备着可能前来偷取战利品的鬣狗和狮子。

斑鬣狗的个头是非洲野狗的 3 倍，在抢夺食物的较量中，4 只成年野狗才能对付一只斑鬣狗。就算集体上阵，一群野狗也对付不了一头狮子，狮子是造成野狗死亡的首要因素。第二大因素则是断腿。在追逐过程中，许多野狗因为奔跑速度过快且毫无章法而伤到了腿。一同生活与捕猎，至少能够保证它们因伤致命的风险由于有群体分担而减小。

▼ **野狗的力量。** 一只斑鬣狗企图抢走猎物，但它被一群非洲野狗赶跑了。尽管从个体来看，斑鬣狗的个头要远大于非洲野狗，但它终究抵不过一群非洲野狗，后者甚至能将好几只斑鬣狗逼入困境。但狮子的体形和力量都远非非洲野狗所能比，因此野狗是不会冒险与之抗争的。

大陷阱与小猎手

一谈到体形小巧的独行猎手，我们就必定会联想到花招诡计。在热带雨林地区捕食者和猎物之间的"军备竞赛"中，拟态伪装是最常见的策略。最令人惊艳的陷阱之一要数达尔文吠蛛织的网。这种个头只有一个指甲盖大小的马达加斯加"织工"因能织出横跨河流的巨网而闻名。昆虫会顺着河流穿越热带雨林，因此河流上空是设置陷阱的好地方。问题在于如何在那儿设置陷阱。

达尔文吠蛛吐出的丝是世界上最结实的天然材料，强度是其他蜘蛛吐的丝的两倍，是具有高延展性的芳纶的10倍。它们还会织出世界

上最大的圆蛛网（只有雌性达尔文吠蛛才织网），蛛丝能延伸25米，横跨河流两岸。这种蜘蛛选定河流一侧的有利位置后开始工作，从其尾部的吐丝器中射出几十股轻盈的蛛丝，蛛丝随风向前飘荡，跨越河流。一旦其中一股缠住了河流对岸的草木，蜘蛛就会拉紧蛛丝，从上面爬过去。它们得花好几小时去加固这股至关重要的丝线，检查其是否完好地挂在河流两岸，然后转而向下制作第三个连接点。做好后，它们的任务就是以三股丝线的交叉点为中心编织圆蛛网。一个多小时后，陷阱便设置好了。

　　这种结构的网为达尔文吠蛛节省了大量时间和精力。蛛丝富有弹性，可以防止被风和热带雨林的强降水破坏。即便如此，达尔文吠蛛每天也会定时更换"桥绳"，并重新编织圆蛛网的中心部分。它们的勤劳深受人们赞赏。雄性达尔文吠蛛会从圆蛛网上窃取食物（前文提到，只有雌性达尔文吠蛛才织网），甚至连那些擅长捕食小型昆虫的两翼昆虫也会被缠入网中。

▶ **横跨河流。** 达尔文吠蛛的大网悬挂在马达加斯加河流上方。这种圆蛛网用于粘住那些顺着河流飞行的昆虫，并且每天都会被修补一新。圆蛛网异常结实，能够粘住快速飞行的大型猎物。

▼ **吐丝。** 一只身长2厘米的达尔文吠蛛从尾部的吐丝器里射出一股股蛛丝。圆蛛网如此结实的原因之一在于它富有弹性，而且由几十股"桥绳"织成。

在迁徙中捕猎

每年中有两次，数十亿只动物会随着太阳活动周期的变化在全球范围内长途迁徙，许多捕食者别无选择，只能紧随其后。这些迁徙创造了大自然中许多壮观的场景，只是并非全部为世人所熟知。

每年秋天，大群黑边鳍真鲨和短鳍直齿鲨沿佛罗里达海岸迁徙，到南方过冬，来年春天才返回。游泳者察觉不到它们的存在，但我们从空中俯视时，可以看见成千上万条鲨鱼和海岸之间只有几百米的距离。这些鲨鱼后面还跟着以其为食的捕食者——体形更大的双髻鲨和低鳍真鲨。

约 200 种不同的猛禽每年迁徙数千千米。它们大多数依靠日照引起的上升气流节省体力，进行跨越大陆的旅行。经过狭长地区时，猛禽会集中到一处，数量令人叹为观止。在墨西哥的韦拉克鲁斯，每年大约有 500 万只猛禽飞过，它们跨越北美和南美。这一壮观景象被称作"猛禽天河"。

欧洲猛禽飞过的年度最长距离是草原秃鹰在北欧和南非之间长达 14485 千米的往返之旅。在所有猛禽的迁徙路线中，最长最险峻的要数阿穆尔隼的迁徙路线。这种和红隼一般大小的隼通常在古北界东部［包括俄罗斯、蒙古国、中国（主要是南部及中部）］进行同种繁殖。它们擅长在飞行途中捕食昆虫，但这些昆虫在秋天相继死去，阿穆尔隼别无选择，只能向南迁徙，去往食物丰富的地方。它们到南非的往返旅程长达 22530 千米。

一些阿穆尔隼会从尼泊尔中部飞越喜马拉雅山，但大多数阿穆尔隼会避开海拔如此高的地方，转而沿着青藏高原的东部边缘飞行。等到了印度东北部，它们会在那里停留数月，补充能量，蓄积脂肪。数以万计的阿穆尔隼共同捕食白蚁，那场面不禁让人想起群栖的椋鸟。终于，它们准备好踏上旅途中最严峻的一段路程，不停歇地飞越 3000

◀ **前进的鲨鱼。**成千上万条黑边鳍真鲨和短鳍直齿鲨沿着佛罗里达海岸迁徙，去南方过冬。海水的温度变化可能是其迁徙的原因之一，鲻鱼等猎物的迁徙也可能是鲨鱼迁徙的原因之一。

▶▶ **（第34~35页）中途停留的隼。**经过从亚洲的繁殖地一路向南的长距离迁徙，数以万计的阿穆尔隼在印度东北部停留，吃些昆虫果腹，而后继续踏上前往南非的长达 3000 千米的旅程。

▲ **隼的休息站。**（雄性和雌性）阿穆尔隼停在印度东北部那加兰邦的电线上——这是它们前往南非过冬的途中的休息站之一。

◀ **吃白蚁补充体力。**阿穆尔隼在那加兰邦的道阳水库旁进食。有些阿穆尔隼可以调整中途休息的时间，以遇上大群白蚁。当地人现在已将这一景象视作颇具价值的旅游噱头，不再猎杀它们。过去，该地区的人们每年都会在这里捕杀12万多只隼。

千米的距离，跨越开阔海域到达南非。这是猛禽中距离最长的海上迁徙活动，阿穆尔隼要飞两三天才能到达目的地。而通过这场持久测验的奖赏就是丰富的昆虫补给，以及南方的悠长夏日。

四季捕猎的捕食者

北极熊不随季节的变换而迁徙。它们是专业猎手，但捕猎范围仅限于北极地区有海冰的地方。格陵兰岛西北部的因纽特人称北极熊为"pisugtooq"，意思是"流浪者"。北极熊的活动范围非常广泛——平均大小和美国佐治亚州的面积相同。据记载，它们的最大活动范围快赶上美国得克萨斯州的大小了，因为它们要寻找海豹。目前，它们的活动范围仍在不断扩大。但它们面临一项极地特有的巨大挑战：每过6个月，太阳升起，会将这个冰雪世界的大半融化掉。为了生存，北极熊逐渐变成了地球上适应能力最强的捕食者。

其他捕食者都不像北极熊这般为了应对季节变换，不断演化和掌握新的捕猎技巧。随着春天过去，夏天来临，北极熊几乎每过一个月就需要改变一次捕猎方式。早春时节，它们最喜爱的食物是环海豹的幼崽。3月和4月，环海豹幼崽在海冰下的隐蔽之处出生。当冰块开

被拖拽的环海豹。一头北极熊抓住一头跳进海里而尚未来得及游远的环海豹并将其拽上浮冰。夏日来临，海冰消融，北极熊的主要猎物愈发难以捕获，因此它们不得不忍饥挨饿。

北极熊。在厚厚的脂肪层和皮毛的保护下，北极熊以巨大的前爪为桨，后爪为舵，游过无冰水面寻找海豹可能栖息的浮冰。在海冰大量消融的夏天，北极熊不得不游过大片无冰海面，可能好几天都不能停下来。

始破裂时，环海豹幼崽断奶，北极熊就会转而盯上髯海豹。到了秋天，在冰块和海豹都不见了的时候，北极熊甚至会攻击海象，去捕食它们的幼崽。

对于捕食者来说，生死取决于捕猎时的能量消耗和能量获取是否达到平衡。从生理结构上说，北极熊可谓无可挑剔。它们的消化系统能吸收所摄入的蛋白质的 84% 和脂肪的 97%。冬日里在冰块上爬行寻找食物时，它们的代谢速率能够降到和在洞穴中冬眠的黑熊的一样。

这些仅仅是北极熊得以在极端环境中生存的众多生理特征中的两个。

终极捕食者

  如果基于智力、适应能力以及在世界各地都能捕猎成功的战绩来考量，终极捕食者非虎鲸莫属。虎鲸同时拥有速度、力量和耐力优势。它们凭借一定的协作和其他捕食者望尘莫及的智慧捕捉猎物。无论猎物有多大，没有哪种能逃脱虎鲸的追捕。

  虎鲸能活 50 多年，并且数十年如一日地维持着稳固的母系家族体系，种群（亦称生态类型）间的"文化"差异世代相传。我们越了解这种高度社会化的海洋哺乳动物，就越能认识到它们有多么聪明，

▲ **艰难时期。** 一头雄性北极熊冒着从高处跌落到海里的危险，在悬崖峭壁上爬行，寻找海鸽的卵。海冰融化使得捕食海豹无望，绝望的北极熊只得前往西伯利亚地区的一些岛屿。

只有人类比它们更复杂，适应能力更强。

虎鲸被分成差异明显的不同种群，尽管从基因指标上来说，它们更该被定义为不同的物种。不同种群的虎鲸外形不同，发声行为不同，捕食对象和捕猎方法也不同，彼此之间的领地几乎没有交叉，但它们之间的交配行为仍被认作同种繁殖。

第一个公认的种群生活在北美洲西北部毗邻的太平洋里，这些虎鲸被称作"定居者"，它们固定生活在这条狭长海岸附近的浅湾里，捕鱼为食，尤其偏爱每年会大量洄游的大鳞大麻哈鱼。八九十头有亲缘关系的虎鲸聚成一群，在长达50多年的生命里生活在一起。水下交流是它们合作捕猎时的重要方面，研究人员已经可以通过不同的声音特

征辨别每一个种群。事实上，虎鲸声音的多样性在其他非人类的哺乳动物中也是罕见的。

　　另一种沿着北美洲西海岸捕猎的虎鲸被称作"过客"，因为它们总是在迁移。这就是第二个虎鲸种群。南至美国加利福尼亚州南部，北至白令海，都有人看到过同一种虎鲸的身影。装有卫星追踪标签的一群虎鲸从阿拉斯加出发，只用 8 天时间便游了 1400 千米，直达北极冰层的边缘。"过客"们更擅长捕食海洋哺乳动物而非鱼类，它们拥有超凡的能力，可以在正确的时间出现在正确的地方，伏击猎物。

捕鲸的鲸

　　灰鲸妈妈和小灰鲸每年都会离开墨西哥海域中舒适的环礁湖，开始

▲ **追逐鱼群。**约 50 头虎鲸（包括它们的幼崽）正在挪威的峡湾里追逐一大群鲱鱼。这些虎鲸尤其擅长在冰冷、食物丰富的斯堪的纳维亚海域中捕鱼。

▲ **鲱鱼群。**惊慌的鲱鱼群聚拢在一起冲向海面，缩成一团。虎鲸利用回声定位锁定并驱赶鲱鱼，它们在将猎物团团包围时还会相互交流，大快朵颐前用尾巴一扫，使鲱鱼丧失逃生能力。

长途迁徙，去北方食物丰富的白令海。因为有幼崽，灰鲸妈妈游不了太快，但到 4 月也差不多接近加利福尼亚海岸的蒙特雷湾了。它们去北方的最短路径便是径直穿过蒙特雷湾，但"过客"们早已守候在此。

"过客"和"定居者"有着相似的交流系统，但前者的声音远小于后者的，这有利于它们避免被猎物察觉到行踪。攻击灰鲸妈妈对虎鲸来说太冒险了，因为灰鲸的体形太大，它们还有极厚的皮肤和脂肪层。于是，虎鲸转而捕食灰鲸幼崽。虎鲸只有共同协作才有机会将灰鲸幼崽和灰鲸妈妈分开。参与行动的只有雌性成年虎鲸。它们必须特别小心，避免被灰鲸妈妈强有力的尾巴击中。一旦成功将灰鲸妈妈和它的幼崽分开，它们就要跳至灰鲸幼崽背上，将其压入水中淹死。这场疯狂的猎捕行动可能持续 2~6 小时。

另一处最受"过客"喜爱的伏击地点便是阿拉斯加海岸和乌尼马克岛海岸，迁徙的灰鲸群会在仲夏到达那里。遭受虎鲸攻击时，灰鲸妈妈会朝浅水区游去，它们通常会不惜冒着搁浅的危险躲避虎鲸。尽管如此，在迁徙的灰鲸群游经乌尼马克岛海岸去白令海的途中，还是有 5%~15% 的幼崽会被捕杀。

在这两个伏击地点附近，还有另一处食物丰富的捕猎区深受以海洋哺乳动物为食的虎鲸喜爱。数以千计的北海狗在普里比洛夫群岛上繁殖。每年 5 月下旬，"过客"到达该群岛时，恰好碰上北海狗繁殖期开始。虎鲸主要以年轻的雄性北海狗为捕食目标，这些北海狗有着肥厚的脂肪，已做好交配准备，却被挤到群体边缘。到了秋天，虎鲸还有机会捕食被留在栖息地的北海狗幼崽。

◀ **"过客"的攻击。**右侧的虎鲸冲向一头灰鲸幼崽，试图将它与其妈妈分开后再淹死它。这头虎鲸是"过客"中的一员，它们在北美洲太平洋沿岸捕食海洋哺乳动物。春天，这一种群会伏击随着妈妈沿海岸线迁徙的灰鲸幼崽，尤其喜欢在加利福尼亚的蒙特雷湾国家海洋保护区一带觅食。

1

捕食幼崽

    擅长捕食海豹和鲸这类哺乳动物的虎鲸在捕猎时会像狼群一样行动，比如潜行、合作、施展策略。当座头鲸群从南极觅食区迁徙至热带觅食区时，虎鲸早已等候多时。

    虎鲸于秋天到达澳大利亚西部沿海，捕食早产的座头鲸幼崽。座头鲸妈妈紧靠海岸活动，试图躲避虎鲸的追踪。虎鲸一旦察觉到座头鲸妈妈和幼崽的存在，就会紧追不舍。成功的攻击一般只会持续几分钟。座头鲸妈妈的体形太大，虎鲸难以将其拽到水下淹死，但座头鲸幼崽很小，没什么耐力，也不能长时间屏住呼吸，只能依靠座头鲸妈妈的保护或其他鲸类的援助。大多数时候，虎鲸会成功。在遭受攻击的座头鲸幼崽中，约有2/3被杀死。

▲ **1. 生存竞赛。** 座头鲸妈妈将幼崽驮到背上，暂时躲过虎鲸的攻击。在前方，6头虎鲸中有一头企图挡住座头鲸妈妈的去路。队伍最前方有两头雄性座头鲸。为了保护座头鲸妈妈和幼崽，它们用尾巴和鳍不停地拍打水面制造泡泡，并发出喇叭声似的声音，试图遮挡虎鲸的视线和分散它们的注意力。

▶ **2. 待在妈妈背上。** 座头鲸妈妈拼命逃脱虎鲸的追捕，筋疲力尽的幼崽则待在妈妈背上。

▶ **3. 急速甩动。** 为了躲避虎鲸，座头鲸妈妈绝望地急速甩动尾巴和鳍，附着在它身上的贝类的坚硬外壳为它提供了强大武器。

▶ **4. 包围。** 虎鲸成功地将座头鲸幼崽与妈妈分开，现在它们可以强行将幼崽拖到水下淹死。但它们必须快速享用战利品，因为这场猎捕行动已经引来了鲨鱼，后者会来分食猎物。

2

3

4

捕鲨的鲸

　　第三个虎鲸种群被称为"近海鲸"，因为它们喜欢在大陆架沿线、远离海岸的地方捕食。这个种群的虎鲸个头较小，但速度更快，数量更多，一群约有100头。它们同样难以捉摸。很长一段时间，它们的饮食习性都是个谜。它们的牙齿受到极度磨损，有可能是经常咬鲨鱼所致（它们刺入鲨鱼皮肤的牙齿异常粗糙，曾一度用作锉刀）。后来，阿拉斯加的研

▼ **最终行动。** 两头虎鲸在最终行动前确认了一只惊慌的威德尔氏海豹的位置：它们通过快速冲击制造出能够掀起浮冰的波浪，将海豹冲入水中。虽然冰块已经被它们制造的第一批海浪破坏，但海豹还是爬回到了碎冰上。

究人员在邻近该种虎鲸的近海捕食区发现了鲨鱼的肝脏。这类虎鲸好像深海潜水员，它们能在深海中潜游 5 分钟，寻找太平洋睡鲨。这些鲨鱼的肝脏营养丰富——相对于虎鲸牙齿的磨损，这算是很值得的回报了。

最聪明的虎鲸

研究人员近期发现南极地区的虎鲸在使用一系列绝妙的新型捕猎技巧。其中一种生态类型被称作 A 类虎鲸，它们通常出没在南大洋的开阔海域，擅长捕杀当地常见的小须鲸。C 类虎鲸只在南极洲东部被发现过，它们的身长只有 6 米，是虎鲸中体形最小的一个种群。每年春天，海上浮冰消融，它们游过碎裂的冰面进入浅海区，在那里捕食犬牙南极鱼。

南极虎鲸中体形最大的种群是 B 类虎鲸，它们深入南极大陆四周的积冰区。这个生态类型的虎鲸中又有两个采用截然不同的捕猎技巧的鲸群：其中体形相对来说较小的鲸群沿着南极半岛捕食，寻找企鹅和鱼类；体形较大的鲸群擅长将海豹掀下浮冰。这种食物来源充足，因为南极的海豹被认为是所有海洋哺乳动物中数量最多的。

一旦发现海豹，虎鲸就会游过去，以便看得更清楚。如果那是食蟹海豹，虎鲸通常会离开，转而寻找其他目标。看来即便对于这些顶级捕食者来说，应对食蟹海豹锋利的牙齿和易怒的天性也是个大挑战。如果那是性情温顺的威德尔氏海豹，虎鲸便会排成一行，一齐游向那些海豹所在的浮冰。在快到达浮冰下方时，它们会猛地向下一潜，制造出一股滔天巨浪，将浮冰掀翻。可怜的海豹只能紧紧依附在浮冰上，而虎鲸不断制造波浪冲击冰面，将海豹的避难所破坏成一小块一小块的碎冰。最终，虎鲸游到近处，跃出水面，仔细打量它们的猎物。

海豹退缩到冰缝中，用自己尖利的牙齿撕咬虎鲸。此时，虎鲸协作捕食的好戏再次上演。它们轮番上阵，用尾巴大力横扫，试图将海豹赶到开阔水面。如果这一战术不起作用，它们就会弄出许多泡泡驱赶海豹下水。海豹逃脱的情况少之又少。但凡见过虎鲸捕猎，人们就不会质疑它们是地球上野生哺乳动物中的终极捕食者。

第 2 章

森林——躲避与搜寻

热带雨林为生物多样性提供了最大的支持，仅一棵树上就可能有1000多种昆虫。当第一次走进热带雨林中时，你会发现生活在这里的动物都是擅长"隐身"的专家。有些特例值得一提，比如天堂鸟。热带雨林中遍布着善于伪装的动物，捕食者和猎物均是如此。在一个满是树干、树枝、树叶和藤条的世界里，伪装自己并没有多大难度。即使在林下层相对无遮挡的地方，也仅有约2%的阳光到达地面，对提高能见度并无帮助。所以，对于捕食者而言，单单发现猎物就绝非易事。季节性森林中的植被密度较低，但热带雨林则不同，那里是玩捉迷藏的好地方。

▶ **雨林隐身。** 板状根、树枝和林下植被中隐藏着成千上万只小动物，其中既有捕食者，也有猎物。

◀◀（第 50~51 页）**干燥森林中的捉迷藏。** 在印度班达迦国家公园内，一头孟加拉虎正在悄悄地接近一只白斑鹿，孟加拉虎与周围的环境融为一体。

勤劳的捕食者

　　和一只美洲松貂玩捉迷藏着实会是一场持久战。美洲松貂可以毫不费力地在温带和寒带森林的地面与树冠层之间穿梭，是一种来无影、去无踪的动物。它们的代谢速率很快，这注定了它们的生活方式很疯狂。对热量源源不断的需求意味着这些独居的捕食者在醒着的多数时间里需要觅食。

　　美洲松貂在平静的森林中的表现最佳，这里的地面上到处散落着枯木和树枝，它们容易找到喜爱的猎物。这些身体轻盈的食肉动物的捕食对象很多（如野兔、松鼠和鸟类等），但田鼠是它们的最爱。

　　为数众多的林中捕食者具备捕食田鼠的能力，但是美洲松貂可以说是拔得头筹，这都归功于它们的体形。美洲松貂细长灵活的身体和短腿非常适合穿梭于树枝间，攀爬树木或追逐猎物。它们的体形也非常适合穿过狭小的洞口、裂缝和通道去捕捉小型猎物。当美洲松貂追赶一只田鼠时，田鼠几乎不可能逃脱。但是，美洲松貂拥有适合捕食田鼠的体形是要付出代价的，细长的身体意味着它们的胃很小。所以，美洲松貂就算狩猎成功也无法狼吞虎咽、饱餐一顿。寒冬到来时，它们无法依靠有限的脂肪储备过冬。细长的身体也意味着美洲松貂损失热量的速度快。

◀ **快餐捕食者**。在美国新英格兰地区，一只美洲松貂在森林地面上的落叶堆中搜寻食物，行动敏捷，始终充满好奇。这种动物的代谢速率快，这意味着它们需要不断爬树钻洞，寻找食物。

雪洞避难所。一只美洲松貂爬出它的露营地。美洲松貂的生活方式意味着它们无法储备足够的脂肪冬眠,不过它们常利用雪洞来躲避严寒。它们还会捕捉在积雪下面活动的田鼠。虽然没有办法依靠体内的脂肪过冬,但它们每天都会捕食,以维持自身能量的平衡。像白靴兔这类较大的猎物在冬天更有捕食价值。

▶ **顶部的守望者。**美洲松貂在树冠层也很敏捷,它们常在树洞和树皮中寻找栖息的鸟类、昆虫和松鼠。树木也为像狐狸这样的捕食者提供了庇护。在冬天,常绿针叶树可提供高处的遮蔽,而在地面上杂乱的堆积物里生活着啮齿动物。

和其他恒温动物一样,美洲松貂产生热量的唯一方法就是消耗体内储存的能量。这在夏天不成问题,因为夏天猎物通常很丰富,可到了冬天,寒带森林中的温度可能降至零下 20 摄氏度。由于没有脂肪储备,美洲松貂无法像其他一些哺乳动物那样冬眠,必须继续想办法觅食。

为了熬过寒冬,美洲松貂倒真是有"两把刷子"。厚实的皮毛在一定程度上弥补了它们损失热量快的缺陷。当气温骤降时,它们能够在雪洞里寻求庇护,很像极地探险家,不知不觉地进入"慵懒模式",以保存体力。厚厚的积雪对美洲松貂行动的影响微乎其微,因为它们毛茸茸的大脚能够分散体重,让它们几乎能够在雪地上自由跳跃。雪地也给美洲松貂的猎物增添了一层保护,给它们的捕食增加了难度。

冬季,美洲松貂不得不成为雪下世界的捕食者,尤其是在低垂的树枝和木头周围所形成的空隙中,这里的田鼠活动很频繁。不管美洲松貂在哪里发现植被从积雪中露出,它们都会停下脚步,顺藤摸瓜找到通往雪下空隙的入口。它们凭借敏锐的嗅觉和听觉来寻找田鼠的踪迹。

通常冬天田鼠非常少见，所以美洲松貂也会搜寻腐肉——可能是被冻死的动物。但更大的捕食者，如草原狼和狐狸也会寻找这些动物的尸体，它们即使不把美洲松貂当作猎物，也会把它们视为竞争者。美洲松貂唯一的逃生法子只能是往树上爬。事实上，科学家现在认为，美洲松貂的爬树技能更像是为逃避捕食者而形成的习性，它们不是为了追捕栖息在树上的猎物。

擅长突袭的捕食者

你通常不会想到食肉鸟类怕老婆，但这是对雄性斑尾鹰的恰当描述。雌性斑尾鹰的体重几乎是雄性的两倍。二者的体形差异（斑尾鹰是体形最大的鸟类之一）如此之大，以至于雌性和雄性斑尾鹰看起来像不同的物种，这意味着它们交配养育后代是由雌性斑尾鹰做主的。在此期间，雄性斑尾鹰设法奉上食物讨雌性斑尾鹰开心，但是不能靠得太近。

卵孵化后，雄性斑尾鹰要为这个日益壮大的家庭提供两周的食物，这意味着它每天要杀死 10 条生命。斑尾鹰的耐力天生不佳，但在短时间内，其飞行速度可以达到 50 千米 / 时。突袭是斑尾鹰的制胜法宝。雄性斑尾鹰会偷偷接近猎物（藏身在林地植被中），它们的主要猎物是小型鸟类，如山雀等。当抵达一定距离后，雄性斑尾鹰会从隐藏处出来，这样可以缩短追逐距离，快速捕捉到猎物。雄性斑尾鹰可以充分发挥小身形的优势，在枝叶间灵活穿梭。在林下层追逐善于急转弯的猎物时，它们可以在精准的时刻折叠圆形短翅，穿过狭窄的空隙。

挑选出捕食目标不容易。事实上，在 10 次攻击中，斑尾鹰只有一次能成功捕获猎物。一些鸣禽是斑尾鹰的猎物，它们常常成群生活，以求安全。一旦发现危险，这些鸣禽就会试图用茂密的树叶作为掩护，这让斑尾鹰很难穿过。斑尾鹰在伏击缺乏经验的幼鸟时才能一举成功。这就是为什么斑尾鹰的繁殖时间与猎物的成长时间一致。当自己的幼鸟和幼鸟的妈妈需要进食的时候，雄性斑尾鹰有大量的潜在捕食目标。

雄性斑尾鹰会将每个战利品小心翼翼地移交给自己的伴侣。雄性斑尾鹰把食物送到供给点，然后等待雌性斑尾鹰出现。伴侣飞过来后，雄性斑尾鹰迅速离开，把食物留给伴侣享用。在这个短暂的交接

▲ **树冠伏击。**当看到目标时，雄性斑尾鹰会穿过树冠，迅疾而无声。

▶▶（第 60~61 页）学习攻击。
一只雄性斑尾鹰幼鸟正在尝试发起攻击。它的个头几乎和松鸡一样大，虽然它没有胜算，但它的攻击能力正在逐步提高。如果这是一只雌性成年斑尾鹰，那只松鸡早就落荒而逃了。

过程中，你可以看到雌、雄斑尾鹰体形的差异，机会难得，令人印象深刻。

父亲的职责完成时，雄性斑尾鹰将面临另一个问题——寒冬到来。光秃秃的树木几乎无法藏身，山雀和其他小型鸣禽为保障安全，现在集结成了更大的鸟群，这就使雄性斑尾鹰更难偷偷地接近猎物。雌性斑尾鹰的体形较大，可以追逐较大的猎物，诸如松鸡、喜鹊和斑尾林鸽等。对雌性斑尾鹰而言，没有遮挡实际上是一种优势。而对雄性斑尾鹰而言，生活是艰辛的，能活过 4 年已经算幸运了。

潜行、伪装和力量

　　很少有动物比野生的虎更令人印象深刻。如果你有幸在虎的自然栖息地看到一头虎，那个画面可能会深深地烙在你的记忆中。这种体形庞大的猫科动物是地球上最强大的森林捕食者。一头雄性孟加拉虎可以撂倒一头成年独龙牛，后者的体重可能是前者的 6 倍。但孟加拉虎的主要猎物——白斑鹿、黑鹿、野猪、叶猴等很少隐藏在森林里。这些动物依靠敏锐的感官和群居生活来保障安全。事实上，公园里的向导

▲ **藏身。**一头雄虎在卡齐兰加国家公园中踩着象草潜行追踪猎物，我们可以看到它那完美的斑纹伪装如何让它得以伏击猎物。

通常通过报警信号（如叶猴发出的"阿卡阿卡"声或者白斑鹿发出的尖叫声）来对孟加拉虎进行定位。这些动物发出叫声不仅是为了警告同伴危险来临，还是为了正式警告虎，它的游戏结束了。

对于一次成功的捕猎而言，虎需要完全隐藏起来。这是它们身上的美丽斑纹发挥作用的时候。在森林地面和草甸边的斑驳光线下，黄色和黑色的搭配可以遮掩虎的身影，它们得以融入植被中。这适合守株待兔，但是虎不能总是等着猎物自己送上门，它们必须在同一时间

扮演玩捉迷藏游戏的双方。这是一项富有挑战的任务，所以虎知道找到最佳潜伏地点可以事半功倍。

雌虎的活动范围约为20平方千米，这样大小的活动范围足以让它们对领地的情况了如指掌，如猎物经常行走的路线、喜欢去的水潭以及觅食的时间和地点等。雌虎还必须了解发动攻击前该藏身在哪里。对这些技能的掌握程度可能会导致雌虎生存下来或饿死。雄虎的领地大小是雌虎的3倍多。由于领地太大，它们只能了解大概情况，再加上它们需要通过决斗来捍卫自己的领地，因此它们的寿命比雌虎的短几年也不足为奇。

捕猎时，虎依赖视觉和听觉。像其他猫科动物一样，它们的夜视能力极强，位于头部前方的眼睛使它们能够准确地评估距离。这在森林中穿梭时非常有用。听力是虎最敏锐的感觉。它们的耳朵像雷达天线一般，能听到猎物发出的极小的声响。

虎在短距离内的速度可以达到约65千米/时，但是就像许多森林捕食者一样，它们从藏身之处跃出前，必须离猎物非常近。最后几米的潜行可能需要花上20分钟或更长的时间，一只爪子可能悬在空中好久。但潜行的时间越长，猎物越容易发现虎，也越可能走出虎的伏击范围。事实上，虎捕猎的成功率只有5%。

当猎物进入伏击范围时，强有力的后腿可以让虎一跃好几米，死亡在虎的尖牙咬断猎物脖子的那一刻降临。一只鹿够一头虎吃好几天，但为了在季雨林中生存，一头虎每年必须这样成功捕猎至少50次。如果雌虎要哺育幼崽的话，需要成功捕猎的次数更多。

养育幼崽能测试出雌虎的捕猎能力的极限。雌虎可以养育4只幼崽，这意味着它每4天就得抓住一只大鹿。幼崽们一直依赖雌虎，直到它们长到18个月。在幼虎6个月大时，雌虎开始教幼虎基本的捕猎技能，此时幼虎还未断奶。幼虎长到约14个月时，尖牙才发育完全，此时它们才有能力杀死猎物。雌虎向幼虎展示捕猎技巧的时候，幼虎

◀ **群体警报**。一头虎伏在地上纹丝不动，因为它知道白斑鹿不在攻击距离内，而且自己已经暴露了。一群白斑鹿一起觅食大大增加了发现虎（它们的主要捕食者）的可能性。其中几只白斑鹿高抬腿走路的姿势是在向虎传达信号——它们发现它了，已经准备好且有能力逃离。

很可能会大搞破坏，要么发出响声，要么弄错时机。

对幼虎来说，学习如何捕捉并杀死猎物就是反复试错，即便在它们的妈妈教学完毕后，这也是一门需要它们继续学习的艺术。这就很容易理解为什么只有不到一半的幼虎能活到成年。

树冠中的杀戮

角雕是美洲体形最大且最强大的食肉鸟类之一，也是最厉害的空中猎手。在英文中，角雕的拉丁名是以希腊神话中的鹰身女妖哈耳庇厄的名字命名的，哈耳庇厄是一个长着锋利的爪子和翅膀却有着女人面孔的怪物。雌性角雕的体重可以达到雄性的两倍，它们长着巨大的钩状喙和如男人手掌大小的爪子——比现存的其他鹰的都大。科学家想把遥测跟踪器放在巢穴中的幼鸟身上，有人提醒他们要穿戴好防暴装备（头盔、防刺背心、护腿和护肩），以防被雌性角雕攻击。这是操作员悬在绳索上时必须采取的防备措施。

庞大的体形就需要大量的食物，而在森林里发现和捕捉恰当的猎物是一个挑战，由一对角雕为养育下一代而花费的时间就可以证明这一点。一只斑尾鹰幼鸟 50 天后即可独立生活，而一只角雕幼鸟需要 24 个月左右才行。这一巨大的时间投资在鸟类中是独一无二的，也远远超过大多数哺乳动物。

角雕幼鸟在 6 个月后长出羽毛，但它们需要一年甚至更长的时间来磨炼自己的捕猎技能，而这需要经常得到父母的帮助。成年角雕可能不会捕捉巢穴附近的猎物，而是给幼鸟留下锻炼的机会。等到练习结束后，亲鸟会将幼鸟赶出它们的领地。这是角雕宣布这块领地不够它们一家三口生存的方式，如果亲鸟要养育另一只幼鸟，情势就更加紧迫了。

角雕的翼展相对较小，这一适应性有利于它们在树冠中灵活穿梭。它们的视力比一般人的要强 8 倍，它们还有极佳的听力，其盘状脸形有助于收集声音。这些特征使它们非常适应雨林栖息地。它们面临的主要问题和大多数森林捕食者一样：在杂乱的植被中寻找猎物，然后神不知鬼不觉地靠近猎物。这又是捉迷藏，而角雕青睐的某些猎物会给它们的捕猎带来很大的难度。

▶ **威武的角雕。**一只雌性角雕在巢穴附近休息，露出了它的巨爪。它胸前的羽毛因为养育幼鸟近一年而被弄脏了，而幼鸟还要在巢穴里待上好几个月。

角雕的食物因地而异，可能包括野猪、刺鼠、犰狳、鸟类和爬行动物。它们最喜欢的猎物是生活在树上的哺乳动物，如树懒和猴子。这就是为什么它们有时被称为食猿雕。

树懒的动作很慢，身上覆盖着长有藻类的皮毛，隐蔽性很好，因此它们很难在大片枝叶中被发现。猴子则更具挑战性，它们行动敏捷，天生很聪明，视力超群，还总是群居（这意味着许多双眼睛都在注意着危险）。它们也很危险，强壮的胳膊和双手（更别提牙齿了）很容易弄伤角雕的翅膀。因此，捕猎的成功需要时间和耐心。令人惊讶的是，由于角雕体形庞大，我们很少有关于它们的捕猎行为的第一手资料。

要想看到角雕成功的捕猎过程，你需要得到森林之神的保佑。很少有人看到角雕把吼猴从树冠中抓出来，带到森林上空，因为一只成年吼猴的体重和一只雌性角雕相当。近年来，科学家、博物学家和纪录片制作人通过观察已经将它们的捕猎策略拼凑出来了。

角雕从来不从树冠上空向猎物俯冲，它们通常偷偷隐藏在树冠中，等待猎物出现。一旦有了目标，它们就会进入潜行模式，直到能够发动突袭的距离，就像豹在地面上偷袭猎物一样。它们从猎物背后发动袭击，在角雕巢穴周围工作的科学家非常了解这一点。猎物背部受到攻击后，它们才知道角雕在哪里。猎物一旦被抓到，就会被带到林间地面上，角雕会在那里用13厘米长的爪子刺穿猎物。它们的爪子比棕熊的还大。

一些专家认为，角雕有能力熟悉它们领地上的所有灵长类动物，评估猴群中的哪些猴子具有危险性，哪些是潜在的目标。毫无疑问，它们花了很多时间监视自己活动范围内的潜在猎物。有时，角雕在藏身处发出叫声，然后观察猴子的反应。如果猴群中产生的反应很小或没有反应，那么这些猴子显然没有注意到角雕，这就值得角雕冒险发动攻击。

◀ **护子的妈妈。** 角雕妈妈正蜷伏在一只树懒的尸体上，把树懒肢解给幼鸟吃。它坚持为幼鸟遮挡倾盆大雨。这个鸟巢在树冠高处，没有天敌威胁这只巨大的幼鸟的生命。

凶猛的小小跳跃者

微观世界正在进行一场大型捉迷藏游戏。森林提供了无限的藏身之处，其中生活着无数生灵。针对厄瓜多尔境内的亚马孙热带雨林的一项研究发现，仅在一种树上就生活着成千上万种甲虫。在无脊椎动物中，最常见的捕食者可能就是蜘蛛了。在每一片热带雨林中，蜘蛛即便没有数千种，也有数百种。它们中的许多都会布设陷阱——无形的网，等待经过的昆虫被蛛网捕住。而跳蛛采取伏击策略，可以抓住许多比它们自己的个头还大的猎物。

跳蛛中最不可思议的当数波西亚跳蛛。来自亚洲森林的、拥有白色触须的波西亚跳蛛会根据猎物调整捕食策略。由于太全能，它们被称为"八脚猫"。它们的主要猎物是结网的蜘蛛。波西亚跳蛛会在蜘蛛结的网上潜行，靠近并捕捉它们，困难之处在于在潜行过程中不被结网的蜘蛛发觉。如果波西亚跳蛛磨磨蹭蹭，它们的目标猎物就会匆忙撤退或者索性发飙。为了与之抗衡，波西亚跳蛛能使出五花八门的招数。如果有微风摇晃蛛网，那么它们就会顺着几缕丝线计算自己的行动，以便与蛛网的摆动同步。如果蛛网的主人有所察觉，那么波西亚跳蛛的伪装也许会让视力不好的蜘蛛认为是捕到了碎叶。

有时，波西亚跳蛛的策略是模仿被困住的昆虫挣扎或雄性发出求爱的信号来吸引猎物——重复任何一种能成功引诱猎物靠近的活动模式。这可能需要一段时间，但波西亚跳蛛似乎有无尽的耐心。在一次观察期间，波西亚跳蛛花了 3 天时间晃动蛛网才得到回应。

如果事情不按计划发展，蛛网的主人显示出攻击性，那么波西亚跳蛛就会撤退，再想新的策略。它们也许会绕道，试图换个方向，出其不意地接近目标猎物。在无脊椎动物中，这对捕食者来说是特别老练的手法。

▶ **跳到喷液蛛背上。**长着毒牙的波西亚跳蛛从背后爬向喷液蛛（一定程度上是为了避免这只喷液蛛向它吐出带有毒液的蛛丝），然后跳到喷液蛛身上将其咬死。巨大的眼睛象征着它具有敏锐的视觉。

有节奏地狩猎。 波西亚跳蛛小心翼翼地在蛛网上爬行，捕捉蛛网的主人——布网蛛。它通过有节奏地拉扯蛛丝来模仿被困昆虫的动作，以引诱布网蛛靠近自己。当布网蛛过来一探究竟时，波西亚跳蛛就会发动突袭。

波西亚跳蛛最难捕捉的猎物可能要算喷液蛛。这种蜘蛛会喷射一种毒液和蛛丝的混合物来杀死猎物，这种混合物在接触猎物时会凝固。所以，波西亚跳蛛不得不从它的背后发动攻击。只有当喷液蛛嘴里满是卵时，波西亚跳蛛才会冒险发动正面攻击。这是另一个表现蜘蛛捕猎智慧的例子。

小型灵长类食肉动物

夜色给猎物提供了一层保护，这就是那么多易受攻击的小型森林动物都在夜间活动的原因。因此，在夜间捕食的捕食者需要格外敏锐的感官。拿东南亚的眼镜猴来说，它们的眼睛在同体形的哺乳动物中是最大的，这样的眼睛给这种群居的小型灵长类动物提供了超强的夜视能力。它们也是唯一的完全食肉的灵长类动物。它们主要吃昆虫（比如丛林蟋蟀），也会抓蜥蜴、小蛇甚至鸟类。

对眼镜猴的捕猎策略最恰当的形容是又跳又咬。它们强大的后肢就像弹簧，能够让这种小型捕食者从一个地方跃到 5 米外的另一个地方。除了超大的眼睛和弹跳力出色的后肢，眼镜猴的头部能够朝左右两侧旋转 180 度，这使它们具有 360 度的视野，在不挪动身体的情况下就能轻而易举地环顾四周的环境。它们还有能够听到极小声响（如昆虫移动时发出的声响）的敏锐的大耳朵。

最近有研究发现，眼镜猴甚至可以听到和发出超声波，这在陆地哺乳动物中实属罕见。这一发现让眼镜猴得到了可发出世界上频率最高的叫声的灵长类动物的美誉。眼镜猴就像拥有私人通信通道一样，其他种类的猎物和捕食者根本听不到它们之间的交流。但是，眼镜猴的体形小，除了尾巴之外，还不到 16 厘米长。这意味着它们很容易受到其他夜间捕食者（如麝猫、猫头鹰和会爬树的大型蛇类）的伤害。这就可以解释为什么一些眼镜猴以小群体为单位生活。这样，它们就有更多的眼睛留心危险，还能作为一个团队聚集起来，应对诸如巨蟒这种潜在的威胁。

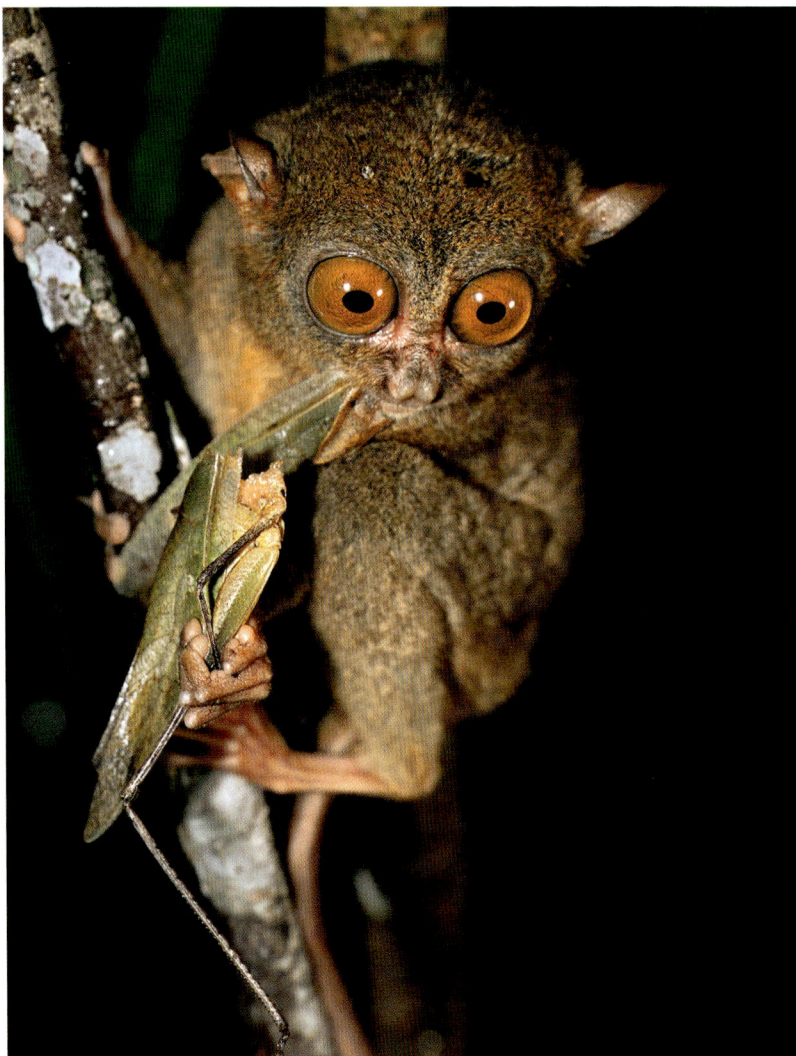

◀ **夜间跳跃者。** 一只菲律宾眼镜猴正在津津有味地咀嚼一只蟋蟀，这只蟋蟀在几秒内就被它捉到并当场啃食。眼镜猴是唯一的完全食肉的灵长类动物。它们在夜间捕食的适应性包括高度敏锐的听觉、可转动的耳朵、在所有哺乳动物中占身体的比例最大的眼睛，这些特征使它们在夜晚能够看到极其微弱的光，听到超声波。

▶ **现身捕猎。** 幽灵般的眼镜猴在印度尼西亚苏拉威西岛的热带雨林中从它们白天休息的地方出来，开始捕食。它们用弹簧般的后肢跳跃，从而捕捉猎物，或者在树木之间移动。它们的前爪和后爪很长，而且有爪垫帮助抓握。

团队捕食

我们对于我们的近亲黑猩猩的流行看法是它们是一种高度群居的、聪明的、吃水果的动物。但是，它们不仅吃植物性食物，还是捕食者——捕食其他灵长类。它们需要组成团队，靠猎物补充所需的蛋白质，这一行为在热带雨林里的哺乳动物中几乎是绝无仅有的。

在科特迪瓦的大森林里，黑猩猩的主要猎物是红疣猴。单只黑猩猩难以追上在树冠中穿越的红疣猴群，如果它真的设法靠近了，体形轻盈得多的红疣猴就会撤退到无法支撑一只黑猩猩的细长树枝上。因此，为了有成功的机会，黑猩猩需要设置一个陷阱。

　　在一个捕猎团队中，黑猩猩的数量多为 4 只或 5 只，不过也可以多达 10 只或少至两只。两只一组的话，捕食成功的概率就会急剧下降，不过即便数量翻倍，成功率也可能只有 33%。能否成功还取决于经验。雄性黑猩猩且只有雄性在 6 岁左右开始学习捕猎技巧，直到 30 岁才能成为捕猎能手。黑猩猩只有在雨季才肯花费精力捕食猴子。这时，由于很难抓牢不稳固的树枝，红疣猴在两棵树间跳跃时就会更加小心，也不太愿意去抓住脆弱的树枝。也是在这个时候，雌性红疣猴开始生育后代，这让整个猴群的行动能力都大大降低了。

◄ **团队的施舍。** 成功捕获一只红疣猴后，捕猎团队开始分配食物，而群落中的其他成员在一旁眼巴巴地看着。个别捕食者会赠送一点猎物给喜欢的黑猩猩吃。这样的分享可以帮助它们建立和巩固友谊。雌性黑猩猩也可能选择与慷慨分给它食物的雄性黑猩猩交配。

我们不清楚黑猩猩根据什么迹象开始捕猎，但当它们行动起来时，整个团队非常安静。它们心照不宣，开始爬树。一只黑猩猩充当头领，其余的上前充当阻挡者或者伏击者。当所有黑猩猩都各就各位时，头领开始向猴群移动。由于猴群耳目众多，红疣猴没过多久就会发现黑猩猩头领，并且开始逃跑。它们不总是朝黑猩猩预设的方向逃跑，因此阻挡者必须相应地调整位置。

如果一切按计划进行，猴群就会进入一个伏击者的攻击范围内，这只黑猩猩会抓住一只较小较弱的红疣猴。仅有一只黑猩猩能抓到猎物，但是所有团队成员都能分得一杯羹。一次成功的捕猎后森林中会回荡着黑猩猩激动的尖叫声。最终抓住猎物的黑猩猩决定谁获得什么——主要是由地位决定的。因此，一些科学家推断，与觅食相比，捕猎和分食猎物更像是一种旨在建立社会关系和忠诚度的群居行为。

吃光路上的一切

热带雨林中有一种捕食者将合作捕食策略发挥到了极致，那就是中美洲和南美洲的行军蚁。它们以庞大的数量弥补了体形的不足，一个蚁群中行军蚁的数量会超过 100 万只。在一定意义上，一个蚁群就是一个巨大的超个体，一天之内就可以收获大约 30000 个猎物，因此行军蚁是世界上最成功的捕食者。

► **与伴侣分享。** 一只受欢迎的雌性黑猩猩即将和其中一个捕食者分享一条猴腿。

鬼针游蚁（约200种行军蚁中被研究得最多的，又名布氏游蚁）的一支突击队就会令人大开眼界。一个蚁群可以宽达几米，长达200米。如果你踏进一个蚁群（也许是因为你一直在寻找树冠中的野生动物），它们存在的第一个迹象可能会是你的腿部有刺痛感，因为一只兵蚁正在将镰刀般的上颚刺进你的肉中。的确。它们的上颚是如此强大，一些美洲印第安人会用其来缝合伤口。不是只有兵蚁才会造成伤害，工蚁也会，而且它们还有螯针。随着蚁群横扫森林地面，地上的碎叶会因其他动物的逃跑而窸窣作响。如果有一刻可以好好欣赏热带雨林不可思议的生物多样性，那就是这一刻了。蝎子、蜘蛛、蟋蟀、甲虫……各种各样的小动物四处乱窜，每只小动物都在努力逃脱这个会吞噬一切的蚁群，但能成功的并不多。

　　一支行军蚁突击队的管理是高度军事化的，虽然没有一个领导者，但是成千上万只工蚁通过触觉和化学手段（信息素）来协调行动。这种协调一致因行军蚁都是"盲人"而更令人印象深刻。排起长队向前挺进时，蚁群会保持三列纵队，其中一列在内，两列在外。中间一列由搬运食物的行军蚁组成，它们沿着早前的行军蚁设置的信息素路径，用最短的时间回到大本营。外面的两列由同样沿着信息素路径向前方移动的行军蚁组成。分成三列是为了让来来往往的行军蚁不会撞上别人。

　　猎物主要因为发出震动而被它们探测到。最轻微的震动也会吸引这些行军蚁，就像磁铁吸引铁屑一样。小猎物被刺死，较大的猎物则被制服并肢解。即便是巨大的狼蛛（本身就是强大的捕食者），它们对抗这种协同攻击的胜算也微乎其微。其他群居性昆虫的巢穴中有更大的回报，不过制服一群胡蜂或其他蚂蚁是要付出代价的。行军蚁和阿兹特克蚁之间的冲突可以持续40分钟甚至更久，场面和好莱坞大片里的打斗一样精彩。随着双方成员被杀死，战争优势可能从一方转移到另一方，但通常都是行军蚁以绵绵不绝的压迫和威力获胜。它们夺走战利品——阿兹特克蚁的幼虫，蚁巢内的每只幼虫都会被带回行军蚁的营地。

　　对抗行军蚁的一种行之有效的防守策略是保持纹丝不动，这利用了行军蚁没有视力的弱点。实施这一策略需要钢铁般的意志，或者像

▲ **超个体。**一支突击队中的工蚁在一只"少校"行军蚁的保卫下进入森林。我们从乳白色的头部和巨大且尖锐的镰刀形的上颚就能认出"少校"行军蚁来。一旦第一只猎物被抓住，内部的工蚁就会组织起来，涌向外部，从侧翼包抄。每只工蚁都携带或帮助别的工蚁携带一块食物回到大本营。

竹节虫那样的忍耐力。即使行军蚁啃咬竹节虫的腿，竹节虫也会保持安静。受到行军蚁威胁的一些蜘蛛和毛虫会采取另一个招数，即顺着它们吐出的丝往上爬，逃出蚁群的攻击范围。三十六计，走为上计！

数量大，效率高

行军蚁成群捕食，攻击、制服和肢解各种猎物（一半是其他蚂蚁，另一半是其他一些节肢动物，如蜘蛛和蟋蟀等）。如果猎物纹丝不动，还有生还的可能。但是，它只要一动弹，行军蚁就会攻击它。

与中等体形的普通工蚁相伴捕食的是体形大得多的搬运蚁。一只普通工蚁能搬回一小块食物（如一只蚂蚁），而一只搬运蚁能搬动更大的东西。搬运蚁还会肢解更大的猎物，因为它们的巨型上颚可以刺穿猎物结实的外皮，而团队协作可以撕开大型动物的关节。搬运蚁也有长腿，因此它们可以把大块食物带在身下。如果食物太大，一只搬运蚁无法自己带在身下，一群普通工蚁就会集结起来帮助它，它们的数量可以精确匹配食物的重量。食物搬运速度是设定的行军速度（大概是为了保持行进道路畅通无阻），这些行军蚁的腿部协调运动，以最大限度地提高搬运效率。

▲ ▶ **蟋蟀之死。**南美洲的鬼针游蚁扑向未能避过它们的行进路径的蟋蟀。它们拱起腹部，将螯针插入蟋蟀的身体。搬运蚁也加入进来，用它们更大的上颚撕扯猎物的表皮。同时，普通工蚁把蟋蟀的四肢拖拽出来。一旦蟋蟀被肢解，鬼针游蚁就聚集到一起，每组中都有一只搬运蚁，它们把食物碎片搬走。

1

2

3

4

追随者和抢夺者

　　那些侥幸从行军蚁的口中逃脱的猎物通常都进了其他食肉动物的口中。事实上，已知有 500 多个物种从行军蚁的行动中获益，其中包括捕捉逃跑的昆虫的绢毛猴、模拟行军蚁的气味并跟在它们旁边的食肉甲虫以及在逃窜的昆虫头部产卵的寄生蝇类等。最值得注意的追随者是蚁鸟。一些蚁鸟（如眼斑蚁鸟）过于依赖行军蚁，以至于离开它们就会饿死。为了获得足够的食物，蚁鸟可以同时观察几个蚁群的行动，因为行军蚁不是每天都出去觅食，并且蚁群经常更换巢穴。

　　像鬼针游蚁这样的行军蚁的生活分为两个明显的阶段——游牧期

▲ **日常追随者。** 点斑蚁鸟按日常惯例，在行军蚁行进队伍的一旁捕获逃离的昆虫。这种蚁鸟并不完全依靠行军蚁来驱赶猎物，但是其他 20~30 种鸟常被发现和行军蚁在一起。

▲ **食物运输团队。**一只搬运蚁将被肢解的昆虫的部分肢体搬回营地。它有咬合力强的上颚和长长的腿，身下携带着沉重的食物。它还有两个来自普通工蚁的小帮手。我们从搬运蚁身体两边可以看到往大部队前方爬行的普通工蚁的腿。

和定居期。定居期长达 20 天，这时随着蚁后产下大约 10 万枚卵，蚁群变成了养殖场。在此期间，行军蚁无法每天出去捕食。它们总会在一块新的区域捕食，因为它们从蚁穴中出来后会改变觅食方向。这可以确保它们不在刚被"收割"过的区域捕食。

在 15 天的游牧期，行军蚁每天都会扫荡森林中的新区域，推进大约 100 米。它们也需要考虑捕食区域中猎物的密度。这是行军蚁满足自己的种群对大量食物的需求的唯一方法。

若以所吃猎物的总重量来衡量，行军蚁对森林产生的影响比美洲豹还大。就超个体而言，它们可以说是森林里最大的捕食者。

第 3 章

平原——无处藏身

说起"无处藏身"这个词语，总会让人想到前有狼后有虎、无路可逃的噩梦，这是恐怖电影里常见的情境。对于生活在草原和沙漠上的动物而言，此般噩梦却是现实。诸如羚羊这样的食草动物全无藏身之处，因此它们不少都会选择群居，以求安全。从坦桑尼亚塞伦盖蒂平原向肯尼亚马赛马拉草原迁徙的角马也是其中之一，另外还有雪雁等在地面筑巢的鸟类。无处藏身对于捕食者来说也同样是个问题，因为即使自己没有被目标猎物发现，也可能被它的同伴察觉。想在这种开阔的环境中生存下来，需要采取特殊的策略。

▶ **平原族群。**角马在寻找新鲜的青草。在无处藏身的环境中，大多数食草动物会聚集成群，以策万全。

◀◀（第84~85页）**10秒冲刺。**猎豹一跃而起，以完全舒展的身姿冲往汤氏瞪羚即将拐向的地方。

致命极速

猎豹拥有最适合在开阔平原上生活的身体条件。它们在1秒之内就能跑30米，比很多赛车都快。这种非凡的加速能力简直是专为开阔平原而生的。它们能凭借冲刺追上猎物，虽说能否得手还得看谁更敏捷，但敏捷性也正是猎豹的长处。然而，这些过人之处都是需要付出代价的。猎豹的身体柔软纤细，这就意味着它们难以抵挡来自狮子、鬣狗甚至秃鹫的袭扰。

由于缺乏遮蔽物，猎豹不光很难在冲刺距离以外跟踪猎物，也很难藏匿猎物，以免被竞争对手觊觎。即便有树也没什么用，猎豹不像豹那样能爬树，更别说把猎物藏在树上了。猎豹会将猎得的动物拖进灌丛或草丛里藏起来。但鬣狗有敏锐的嗅觉和听觉，据说它们能听到几千米以外啃骨头的声音；而秃鹫的嗅觉和听觉更可谓超乎自然，它们能迅速发现平原上的动物尸体。大家也知道，狮子和鬣狗都会通过在空中盘旋的秃鹫找到动物尸体。当这两种强大的食肉动物中的任意一种出现时，猎豹就只能放弃它们的猎物。

平均来讲，猎豹捕得的猎物中有15%~20%会被更强大的竞争对手

◀ **冲刺姿势。**猎豹是平原上速度最快的动物。图中的一只猎豹正在专注地观察在附近吃草的羚羊。时刻保持警惕，猎豹才能准确判断何时开始冲刺。这一侧面的影像展示了猎豹修长灵活的背部、肌肉发达的长腿和用来扑倒猎物的带爪前脚。

抢走，而在某些地方，这个比例能达到 30%。可能正因如此，猎豹总在白天最热的时间捕猎，通常这个时候比它们强大的竞争对手还在阴凉处休息。猎豹进食的速度也很快，它们可以在两小时之内吃掉一整只成年汤氏瞪羚。猎豹兄弟联手共同管理领地，可以更好地抵御侵袭。

无处藏匿幼崽也威胁着猎豹的生存繁衍。纵观猎豹的活动区域，其幼崽只有不到 5% 能长到成年。生存率低的原因包括被其他食肉动物（特别是狮子）袭击。

年轻的猎豹需要努力学会在缺乏遮蔽的环境中移动而不被发现，还要学会把握追逐的起点。它们与猎物的距离通常不超过 30 米。即便猎豹长到了能独立捕猎的年纪，它们的预期寿命也不会很长。平均来说，雄性不会超过 3 岁，而雌性也只能活到 6 岁多一点。

▲ **争斗。** 猎豹扑上来要把抓到的雄性葛氏瞪羚摁住时却被掀翻了。这只瞪羚虽然断了一条腿，但仍然逃脱了。这距离猎豹上一次捕食成功已经有一周了。

▶ **远观。** 猎豹家族试图挡住鬣狗。但只要有一只鬣狗出现，很快就会有更多的鬣狗到来。为了食物与鬣狗群打斗受伤是不值得的。然而在竞争对手不是太多的情况下，成年猎豹兄弟也有可能会联合起来保卫食物。

◀ **退路。**一只狞猫刚从鬣狗爪下逃出生天，正在考虑要不要往树的更高处爬。虽然狞猫总的来说以在地面上觅食的鸟类、野兔和鼠类为食，但它们的捕食范围不止于此。必要时，它们会用自己强大的弯爪爬到高处捕食。

▶ **捕捉。**狞猫一个跃步，抓住了想要飞走的红嘴鹧鸪。

"跳" 出生天

如果你说了招惹是非的话或做了引火烧身的事，别人可能会说你"往鸽子堆里扔了只猫"。其实，这说的是狞猫捕猎时异常敏捷的身手。狞猫是生活在非洲和亚洲的一种猫科动物。在伊朗，人们会将训练有素的狞猫放入有许多鸽子的舞台当中，赌这只狞猫能扑倒多少只鸽子。据说，最高纪录是瞬间扑倒 12 只。

除了带毛簇的耳朵以外，狞猫最显著的特点就要数它们的后腿了。狞猫的后腿健壮有力，明显长于前腿。这让它们在抓飞鸟时能一下子跳 3 米高。狞猫也是类似大小的猫科动物中跑得最快的，足以追上像野兔这样的猎物。狞猫能杀死像小羚羊这样的个头比自己大两三倍的猎物，小型猫科动物鲜有能做到这一点的。因此，狞猫的捕食范围比较广，哪个物种当时数量最多，它们就以哪个物种为食。

虽说狞猫比非洲野猫更喜欢干旱的开阔地带，但它们也需要一些遮蔽，以便尽量跟得更近 些，再冲出来捕杀猎物。狞猫有敏锐的听觉，它们的耳朵能像抛物面天线一样精确地判断猎物的位置。

跟踪、冲刺、跃起与猛击

上图中的狞猫正在追踪猎物，它匍匐前进，想凭借沙灰色皮毛的伪装在最后冲刺之前靠近猎物到 5 米以内。在非洲南部，小到蜥蜴、老鼠和小型鸟类，大到岩蹄兔（像豚鼠一样的小动物）、跳兔（体形大且行动敏捷的啮齿动物）和跳羚（中型羚羊），都是狞猫的猎物。

狞猫也吃当地常见的珍珠鸡，但珍珠鸡比较难以抓到。发现珍珠鸡并不难，因为这种鸟的色彩鲜艳，而且它们很吵闹。它们通常以 20 只左右为一群，总在到处刨地。但要靠近它们并非易事，这跟成群结队的鸸鸹和在地面上觅食的鸽群是一样的。成群的珍珠鸡的观察力超强，它们一般都能在捕食者靠近到攻击距离之前就发现它。听到警报后，它们要么飞到空中，要么迅速跑掉。没有捕食者能轻易打破结群防御这种安全堡垒，因此只要附近有更容易捕捉的猎物，狞猫就会优先选择它们。

▲ **尽量靠近。**狞猫跟到了 5 米之内，它盯上了在地面上觅食的鸽群中的一只。它匍匐不动，等待着最后冲刺的机会。

▶ **起跳（图 1 和图 2）。**在捕捉地面目标失败后，狞猫凭借修长的后腿把自己弹向空中，希望能把鸽子拍下来，但它错过了最佳时机。

▶ **落下（图 3 和图 4）。**错过了一次时机后，异常敏捷的狞猫在半空中转身改换目标，扑向另一只鸽子，但再次错过。

1

2

3

4

闻一闻，挖出来，吃掉它

　　捕食者也有可能被更大的食肉动物捕食，而被《吉尼斯世界纪录大全》誉为"世界上最无所畏惧的动物"的蜜獾则能成功抵御比它们大许多的捕食者。蜜獾有强壮的爪子和厚实的皮毛，而且通常成为受攻击部位的颈部那一圈的皮毛尤其厚。如果敌人从它们的背后进攻，蜜獾松弛的皮肤可以使它们转过身来爬到敌人的身上。它们还有一个法宝——肛腺，能释放令人窒息的臭味。要捕食这种身有恶臭且肌肉发达的鼬科动物，即使狮子也会三思而后行。一些科学家认为猎豹幼崽为了模仿蜜獾的毛色而演化出了银色鬃毛，而它们的动作有时也确

▶ **刨洞机器。**一只蜜獾停在了它的巢穴入口处，向我们展示巨大的爪子和肌肉发达的肩颈。

▼ **猫科动物也会模仿蜜獾吗？**有人认为猎豹幼崽的皮毛颜色与蜜獾的很像。这样一来，在猎豹幼崽遭遇那些已经体验过蜜獾的凶猛与鼬科动物防御气味的天敌时，这种毛色还能有些许保护作用。

实与觅食中的蜜獾很相似。

蜜獾基本上是"见啥吃啥"。在非洲南部的卡拉哈迪沙漠，它们以能猎食超过 60 个不同的物种而闻名，其中包括瓢虫、蝎子、蛇、啮齿动物、蜥蜴和鸟类。它们还会上树寻找蜜蜂的巢，把蜂巢痛快地洗劫一空。它们的代谢能力强，因此胃口很大。

蜜獾平均每天要吃 1 千克食物，而有一只 11 千克的雄性蜜獾曾创下一天吃掉 6 千克肉的纪录，其中包括 4 条成年鼹鼠蛇、2 条蝰蛇和 7 只老鼠。它在那一周吃得并不清淡，前一天吃了超过 2.5 千克的肉，而后一天又吃掉了 3.3 千克肉。

蜜獾最强大的捕食工具是它们的嗅觉，这也弥补了它们的视力不好的缺陷。蜜獾的大多数猎物生活在地下，因此它们的捕食策略可以总结为：闻一闻，挖出来，吃掉它。蜜獾每天能挖 50 个洞，长度超过 40 千米。挖洞也是有技巧的。蜜獾捕食啮齿动物时，会交替挖两三个洞，同时用自己的后脚堵住出口。

捕食诸如鼓腹巨蝰之类的毒蛇的难度更大，但即便毒蛇成功反击，蜜獾也从未空手而归。据观察，蜜獾对大多数蛇的毒液有免疫能力。

虽说蜜獾多在夜间活动，但在白天温度较低的时候，它们通常也很活跃。在食物比较缺乏的时候，比如在卡拉哈迪沙漠的干冷季节，它们在白天活动更长的时间，而且肆无忌惮。没有强大的食肉动物的威胁，它们确实没有低调的理由。有一种动物利用了这一点。在非洲南部，淡色歌鹰已经学会跟随觅食的蜜獾了。它们会从岩石或树丛等制高点扑向从蜜獾爪下逃脱的猎物。这是一种非常有效的策略，从蜜獾爪下逃脱的猎物中有 60% 被淡色歌鹰吞入腹中。淡色歌鹰受益匪浅，蜜獾却没捞到什么好处。

◄ **毒蛇杀手。**蜜獾挖了一个洞，奋力拽着一条巨大的鼓腹巨蝰的尾巴，将它拖出洞来。蜜獾不怕蛇，对大多数蛇的毒液有免疫能力，经常一口咬住蛇的头将其咬死。为了寻找食物，蜜獾不放过任何地洞、石缝和土堆，通常在这些地方都能找到正在休息的蛇。

▶ **诱惑效果。** 这是一个闪烁着诱人光点的白蚁巢穴。制造出这种发光场景的是叩头虫的幼虫，它们的洞穴就建在白蚁巢穴的外壁上。到了白蚁婚飞的时节，它们发出的光就把白蚁巢穴变成了夺命灯塔。

◀ **危险之光。** 一只叩头虫的幼虫正闪着光，等待猎物靠近。如果有白蚁或蚂蚁靠近，叩头虫幼虫就会抓住它，把它拖进洞穴里。叩头虫幼虫在把捕获的猎物藏在储藏室里后，会继续出来捕食。

夺命灯塔

在地球上出现人类之前数百万年，就已经有另一种动物学会了凭借堡垒进行防御。在全世界几乎所有的热带草原上，你都能发现地上有被晒干的小土丘。有些大得让人惊讶，最高的超过 12 米。这些巨型建筑都是由不起眼的小昆虫建起来的，它们就是白蚁。

白蚁大约有 3000 种，均以植物为食。生活在一起的白蚁常常多达数百万只。白蚁也是世界上蛋白质含量最丰富的动物之一，被列入了 130 多种动物的食谱，其中包括人类。因此，这种身体柔软的昆虫学会住在坚如岩石的巢穴里自保也就不奇怪了。这些巢穴不怕火烧，也不怕雨淋，还能抵御大多数捕食者。

能攻入白蚁巢穴的动物只有土豚和大食蚁兽。这两种动物都有铁钩般的利爪，用来掘开土墙。它们还有又长又黏的舌头，能伸进白蚁巢穴里的通道。大食蚁兽的舌头有 50 多厘米长，一分钟之内能从它们那没有牙齿的吻部伸缩 160 次。因此，只需多找几处白蚁巢穴，它们就能在一天之内吃掉成千上万只白蚁。白蚁巢穴一旦被破坏，兵蚁就会向入侵者展开极其凶猛的攻势。大多数捕食者坚持不了 10 分钟就会被迫离开。

　　另一种白蚁的捕食策略就大不相同了。巴西的塞拉多草原是世界上白蚁巢穴最密集的地方，那里的白蚁巢穴的高度通常超过 2 米。仔细观察废弃的巢穴，你能在它们粗糙的表面发现一些小小的洞。这些是叩头虫幼虫的洞穴，它们又被称为头灯叩头虫。一个白蚁巢穴上可能有 400 多只叩头虫幼虫。

　　每只叩头虫幼虫都会在白蚁巢穴的外壁上挖一个 U 形洞穴。在化蛹之前，它们都会住在那里。幼虫会把洞穴的一端加大建成耳房，用以储藏它们捕捉到的白蚁。它们所面临的问题是如何做到既不需要进

▲ **塞拉多草原的夜景。** 雨季过后的塞拉多草原上到处都是闪烁着叩头虫幼虫发出的光芒的白蚁巢穴。（天空中的绿色光线来自一只成年叩头虫，这是通过长时间曝光拍摄到的景象。）只有在白蚁婚飞和天空中遍布飞虫的夜晚，叩头虫幼虫才会发出那种危险的光芒。

入白蚁巢穴又不需要离开自己安全的洞穴就能捉到白蚁。

白蚁巢穴出现裂口显示了蚁群交配与建立新王国的需求。每年雨季过后，土壤变软到足以挖洞时，成千上万只有繁殖能力且长着翅膀的白蚁（即长翅繁殖蚁）就会从巢穴中飞出来。这些长翅繁殖蚁正是未来的蚁后与它们的追求者，而每只蚁后的目标就是要建立一个新的白蚁王国，但成功的概率很低。在恶劣的捕食环境中，大约只有不到0.5%的蚁后能存活下来。在空中飞的白蚁躲不过飞鸟的利爪，落到地上的白蚁又避不开青蛙和蜥蜴。叩头虫幼虫则选择了一种很耐心的捕食方式，它们为了这个机会已经等待10个月了。

大多数长翅繁殖蚁在黄昏时分出动。这时叩头虫幼虫也探出洞穴，由胸腺产生的萤光开始在黑暗中闪烁，每个白蚁巢穴上随之有上百个小绿光点开始闪耀。生物萤光聚集到如此庞大的规模也真是一种旷世奇观。

长翅繁殖蚁会被这些绿色的小光点引。一旦有白蚁停落在捕食范围之内，叩头虫幼虫就会用钳子般的口器抓住它们，把它们拽进洞穴内，存放在储藏室里，然后回去继续捕食。长翅繁殖蚁一年里只有几周才会出现，所以对于叩头虫幼虫而言，它们的这次出现有可能是下次雨季到来之前的最后一次捕食机会了。每只叩头虫幼虫要想捕捉到足够的猎物供其生长发育到成虫期，至少需要两个雨季。

以少胜多

在无处藏身的环境中，最好的安全策略之一就是结群而居，其中最突出的例子就是每年春秋两季在美国密苏里州斯阔克里克集结的大量雪雁了。

雪雁往北迁徙回北极繁殖地和南飞过冬时，斯阔克里克都是它们主要的休息地点。3月上旬，雪雁的数量达到峰值，超过100万只。每天清晨，群鸟齐飞离开栖息地时的景象绝对是世上最为壮观的自然奇观之一。"雪雁风暴"是对此般奇观恰如其分的描述。要想从这样庞大的鸟群中捉出一只来，捕食者必须具有强壮的体格、娴熟的技术以及坚定的意志。这样的捕食者是不存在的。然而，远处的捕食者可以观望，等待另一个契机。

3月和10月对于主要以鱼类为食的秃鹰来说是比较艰苦的时期，每年的这个时候都会有约300只秃鹰（有时数量更多）聚集在斯阔克里克，但它们遇到了一个难题。一只健康的雪雁体重约为3.5千克，对

▶▶（第104~105页）雪雁风暴。数千只雪雁起飞，离开它们在美国密苏里州的夜间栖息地，飞往周边地区觅食。冒险冲进这样的鸟群中捕食实属鲁莽之举，因此捕食者需要采取其他策略。

于秃鹰来说，雪雁太大、太强壮了，难以袭击。秃鹰更擅长用强有力的喙和爪子抓鱼。

秃鹰有一种既简单又有效的捕食雪雁的方法。雪雁数量越多，天气越冷，这种方法成功的概率就越大。北极的夏季很短，这导致了雪雁的迁徙时间非常准确。如果它们过早到达，北极的地面仍被积雪覆盖，不宜产卵；而迟了的话，它们又没有足够的时间养大幼鸟。斯阔克里克位于它们的 4000 千米漫漫迁徙旅途的中点，那里的气温是判断春天是否到来的绝佳参照。2 月下旬雪雁抵达斯阔克里克时，湖面有可能已经解冻，也有可能还没有解冻，不过前后两天的情况可能大不相同。寒冷天气对于饥饿的秃鹰来说意味着好机会。

秃鹰的方法是从在湖面上歇息的雁群头顶上飞掠而过，把它们惊吓到空中。秃鹰的目标是那些弱小或受伤的雪雁。一种可能的情况是，

▲ **飞掠恐吓战术。** 秃鹰从庞大的雁群上空飞掠而过，寻找弱小或受伤的雪雁。还有一些雪雁可能因为惊慌失措而撞在一起，折断了翅膀或腿。对于秃鹰来说，那就是天上掉馅饼了。

雪雁惊慌失措地起飞时撞在了一起。这样的碰撞会导致它们的翅膀或腿折断，让它们更容易被秃鹰抓走。湖面解冻之后，这种策略就没那么奏效了，因为雁群能散开，受伤的雪雁也可以潜到水下，避开俯冲而来的秃鹰。

在冰面上受伤的雪雁通常会摆出有力的防御架势，但它们仍无法逃脱，因为一只或多只秃鹰连番不停的攻击会将它们的体力消耗殆尽。一旦死去，它们的尸体就会引来十几只秃鹰。为了分得一杯羹，鹰群冲突将连续上演。秃鹰是熟练的拾荒者，空手而归不是它们的作风。

来自捕食者的守护

5月，在美国阿拉斯加和加拿大的苔原上，白额雁夫妇们必须做出一个重要的决定——在哪里筑巢。在开阔的苔原上，既没有乔木也没

▲ **一时无虞。** 在阿拉斯加的苔原上，一只刚孵出来的雪鸮全然没有注意到附近有只白额雁正在回巢的路上。雪鸮护巢勇猛，狐狸与海鸥都无法靠近，白额雁夫妇因此借得了一片清静之地。但雏雁破壳而出之日，就是地主收租之时。

◀ **哺食时间。** 雌性雪鸮带着一只旅鼠飞回巢穴里，那是给幼鸮的食物。雏雁孵出后，它们也会是幼鸮的一道佳肴。

有灌丛，它们实在无处藏身，因此它们没有别的选择，只能在地上筑巢。但是，筑巢地点的选择仍然是它们能否成功繁殖后代的关键。

凸起的土丘或斜坡能减小巢穴被水淹的概率，而且便于白额雁在相对平坦的苔原上观察周围的环境，发现猛禽、北极狐和海鸥等捕食者。雄性白额雁会积极地保护自己的巢穴，而夫妇合力通常就能把捕食者挡在海湾里了。此外，它们还有另一种防御措施，能暂时保障卵与雏雁的安全。

研究表明，有些白额雁夫妇会把巢穴筑在雪鸮的巢穴旁边，距离不过10米。刚孵出的雏雁是小雪鸮的最佳食物，那么白额雁为什么还要冒险把巢穴筑得那么近呢？权衡之下，利大于弊。雪鸮夫妇，特别是雄性雪鸮会勇敢地捍卫自己的卵不受狐狸和海鸥的侵袭。只要它们离雪鸮的巢穴不足 500 米，雪鸮就会反复俯冲袭击它们。附近正在孵卵的白额雁都会受益于雪鸮的捍卫行为。这也算是一种保护，不过到雪鸮清算保护费时，它们可就不会跟白额雁商量着来了。

雪鸮的卵在 6 月中旬左右开始孵化，一般比白额雁的卵早一两周。要是天气不错的话，一对雪鸮要养活的幼鸮多达 11 只，这就意味着它们必须不停地猎食。旅鼠是最好的食物，它们能为幼鸮提供大多数营养。如果旅鼠数量众多，雪鸮夫妇会用它们堆满自己的巢穴。在长大到能独立活动以前，每只幼鸮得吃掉 150 多只旅鼠。白额雁也是它们的美食之一。

与雪鸮的孵化过程（孵化末期分为两个阶段，外壳破裂比最终孵出会早两天以上）不同，白额雁会在 24 小时内完全破壳而出。现在，雪鸮开始注意到这些聒噪的邻居了。以前雏雁还未孵出时，卵由白额雁夫妇保护，基本上都是安全的，因为成年雪鸮不太注意不怎么活动的东西。但雏雁破壳而出后，白额雁夫妇就不得不为它们的吃喝而忙前忙后了。

和刚出生时没有视力、非常虚弱的雪鸮不同，白额雁孵出后就能走能游，能吃东西，但它们仍然完全靠父母保护。在寻水的路上，白额雁夫妇会尽量把雏雁们护在一起，但还是会有一些掉队。即便只有短短的一小会儿，落单的雏雁也很容易变成雪鸮的美餐。

雪鸮能捕食雏雁的时间很短。雏雁会在几周内陆续孵化出来，然后白额雁夫妇们就会联合起来加强保护。雌性白额雁负责陪伴雏雁出入，而雄性白额雁则负责保卫。多几双警惕的眼睛，就少一些在开阔环境中被雪鸮突袭的危险。

埃塞俄比亚狼与大东非鼹鼠

埃塞俄比亚狼捕食时面临的挑战与众不同。它们最喜欢的猎物是大东非鼹鼠，这种动物每天出现在地面上的时间不多，所以埃塞俄比

▶ **满窝的旅鼠。** 幼鸮正在休息，旁边有一堆死了的旅鼠。尽管旅鼠储备充足，雪鸮父母仍然对邻居家那些刚孵化的、出门寻水的雏雁虎视眈眈。

亚狼必须时刻保持警觉。位于"非洲屋脊"上的巴莱山脉和瑟门山脉中有一片由平原与开阔谷地组成的区域，这里就是埃塞俄比亚狼的家。虽然这里的大部分是一望无垠的平地，但还有一小部分隐蔽地带，至少对一只长腿的狼来说算是隐蔽。

埃塞俄比亚狼是群居动物，但这主要是因为它们要养育幼崽。由于它们猎捕的动物不大，不足以相互分享，所以每只狼都得独自捕食。大东非鼹鼠的个头不大，体长大约为 30 厘米。虽然大东非鼹鼠属于啮齿目，长得很像一只奇怪的老鼠，但它们既不是鼹鼠也不是老鼠。它们只是习性与鼹鼠相似，大部分时间生活在地下，很多时候都在挖洞。它们从新的地洞里钻出地面，只是为了把植物拖进洞里，供方便时食用。它们从来不会一次在地面上待 20 分钟以上，一天在地面上活动的时间也不会超过 1 小时。即使上半身露出地面，大东非鼹鼠的腿也很少离开自己的洞穴，以便迅速后撤。所以，要想抓住这样的小东西是不容易的。

埃塞俄比亚狼的视力很好，它们很远就能发现大东非鼹鼠，但因为没有藏身之处，它们想靠近就很难了。不同的埃塞俄比亚狼使用的策略也会有所不同。一些埃塞俄比亚狼直接冲上去拼一把运气，这不用说也知道，成功率比较低。大东非鼹鼠对震动很敏感，绝对能听见狼飞奔而来的声响。

▶ **大步奔跑的狼。** 耐心等到一只大东非鼹鼠从洞穴中冒出头来，埃塞俄比亚狼就会猛扑上去。要是大东非鼹鼠及时缩回洞穴里，埃塞俄比亚狼就会往洞穴里吹气，根据回声进行判断，然后开始疯狂地挖掘，堵住大东非鼹鼠的退路。

▶ **敏捷灵动的大东非鼹鼠。** 一只大东非鼹鼠冒出头来观察周围是否安全，看是不是能把附近的一些植物拖进洞里。大东非鼹鼠基本上生活在地下，眼睛和耳朵都很小，但是都比埃塞俄比亚狼的感官要敏锐。它们尽量减少到地面上活动的时间，主要以洞口周围的植物根茎和其他东西为食。

另一些埃塞俄比亚狼则试着把步子放慢，掩饰自己的踪迹，直到距离足够近时才大跃一步。这种策略的成功率要高一点，适用于年纪稍大、经验比较丰富的埃塞俄比亚狼。要是经验不足，埃塞俄比亚狼就免不了摔个鼻青脸肿。大多数时候，大东非鼹鼠能撤回自己的洞穴之中，所以埃塞俄比亚狼的问题就在于怎么把它们弄出来。

大东非鼹鼠撤回洞穴里时，埃塞俄比亚狼的第一反应都是去洞口吹气，因为这会把大东非鼹鼠吓得乱跑，埃塞俄比亚狼能根据地底的回声判断出它在哪里，从而下爪开挖。经验不足的埃塞俄比亚狼有时十分滑稽，它们很可能会在追踪大东非鼹鼠时挖出一个巨大的洞来。它们不知道什么时候该停下来，即使最终成功，它们也可能耗费了太

▲ **大追踪。**一只埃塞俄比亚狼摆出典型的追踪姿势，蹑手蹑脚地靠近一只正忙着在洞口边采集植物的大东非鼹鼠，而这只大东非鼹鼠还毫不知情呢。如果大东非鼹鼠发现了埃塞俄比亚狼并撤回洞穴里，埃塞俄比亚狼最好的办法就是站在洞口，关注地底的动静，等待它再次出现。

多精力，吃掉这只猎物也补充不回来。

　　成功率最高、同时也是最有经验的埃塞俄比亚狼采用的策略是耐心等待。它们会站在洞口等待大东非鼹鼠再次出来。在此之前，它们只会偶尔侧一侧头，转一转耳朵，始终密切地关注着地底的动静。一旦大东非鼹鼠出现（也不总是这样），它们就会扑上去用嘴咬住它。

以多对多

　　一头成年雄性水牛的肩高可达 1.7 米，体重可达 900 千克，一对牛角可长达 80 厘米。雌性水牛要小一些，但差别不大。一个牛群中可能有数百头水牛，这可是一股不可小觑的力量，因此对于这种食草动物来说，无处藏身也不用担心。一旦遇到威胁，它们就会表现得十分勇猛。事实上，水牛每年都会杀死不少人。它们唯一需要担心的捕食者是狮子。

一头狮子偶尔也能杀死一头水牛。但如果猎物是这么大一群而又十分危险的话，狮子就需要团队合作和经验指导了。狮子猎杀水牛是出于习性。通常雌狮为了荣耀，会包揽所有的猎捕活动。但面对这样强大的一群猎物时，雄狮也会加入。狮子面临的困难是如何从牛群中拖出一头来。因此，狮子的理想做法是借助掩护靠近并惊吓牛群。水

▼ **前途未卜。**狮子想趁牛群来喝水时抓住一头刚出生的小牛犊，但它们发现自己面对的是小牛犊的妈妈和一头斗志昂扬的公牛。雌狮努力捍卫自己的荣耀时，一些年轻的狮子在一边围观，然后逃走了。

▶▶（第 118~119 页）战斗中的水牛。一头撤退得不够快的雌狮受到公牛的攻击，差点无法逃生。水牛通常会援助同伴，牛群越壮大，防御能力越强。只有落单的水牛才会被猎杀。

牛的速度可以达到 60 千米/时，而狮子的耐力不如水牛，所以把握追逐的距离就很重要了，但这些都建立在水牛决定要逃跑的前提下。在水牛数量众多时，它们会直面狮子开始抵抗。

如果狮子成功地拖出一头水牛并把它放倒，它们要面对的就是十几头甚至更多愤怒的水牛。与羚羊和斑马等有蹄类动物不同，水牛通常会对遇险的同伴施以援手，因此它们能轻易扭转战局。水牛无疑能杀死狮子。

牛群越壮大，它们越不惧怕狮子的侵袭。事实上，与一个强大的群体待在一起是比逃跑更好的防御战略。因此，对于狮子来说，最好的方法就是找一小队单独出行的水牛，然后瞄准其中一头年轻的水牛。如果水牛在有遮蔽的地方（比如河边，那里的草比较茂盛）吃草，狮子发动一次奇袭时可能就更容易得手。

狮子的另一个伏击点是水坑边，那是水牛每天必去的地方。狮子会隐藏起来，一直等到牛群走过，再努力拿下一头没有跟上队伍或者年老体弱的水牛。但是，水牛会在危险中学习。如果它们能选择，就会避开那些在过去几个月里遭到狮子袭击的水坑。它们还会挑狮子不常出来活动的时间去水坑边饮水。

在赞比亚卢安瓜国家公园的旱季，气温通常高达 45 摄氏度。对于像狮子这样的大型食肉动物来说，这种温度对体能的消耗太大，因此早上 8 点，大多数狮子还在阴凉处睡觉。这显然是年轻水牛单独去水坑边饮水的好时机。惊喜总是可以凭借天性和行动来制造，《猎捕》摄制组拍摄的一张照片展示了这一点。

一天早晨，一群狮子发现一头年轻的水牛正在穿越一片开阔的平地走向一处泉水。它从一小群在树荫下歇息的狮子身边经过。它一定没有发现这些狮子，否则就不会出现在这里。狮子发现了它。虽然气温已经高达 40 多摄氏度，但狮子认为这个机会太好了，不应该错过。

一头雌狮和两头年轻的雄狮起身走向那头水牛。它们从后面悄悄接近水牛，其中一只跃起来扑向水牛的后腿和臀部。受惊的水牛转过身来应对袭击，然后拔腿就跑。三头狮子切断了它的去路，一头从正面吸引它的注意力，另外两头从后面夹击。水牛扭来扭去，转着头想用犄角把狮子钩住，但狮子的动作太快了。在被烈日暴晒 15 分钟之后，

◀ （上图）大意。天气正热的时候，一头雄性水牛从三头正在树荫下歇息的年轻狮子身边经过。它没有发现狮子，但狮子发现了它。

◀ （下图）猎杀。三头狮子联手放倒了水牛，其中一头死死咬住水牛的鼻子想闷死它。结果看来没有悬念了。

▼ 反转。狮子不耐炎热，体力耗尽，离开水牛回到了阴凉处。突然，负伤的水牛站了起来，回到了牛群中。

三头狮子终于把水牛放倒了。其中一头狮子想咬住水牛的鼻子，让它窒息而死，而另外两头狮子则试图咬穿水牛坚硬的皮肤。经验丰富的摄影师判断，这头水牛没救了。

但是意想不到的事情发生了。三头狮子难耐高温炙烤，体力耗尽，竟然放弃了猎物，返回到阴凉处。也许它们以为水牛已经死了。几分钟后，负伤的水牛在狮子的注视下站了起来，继续赶路。两天之后，这头水牛还活着。捕食者与猎物之间的斗争完全不可预测。

烈日、沙漠与食腐动物

无处藏身的问题在沙漠里尤为突出。纳米布沙漠是世界上最古老、最干旱的沙漠之一，那里的气温可以高达60摄氏度。要在这里生存，就得想出躲避炎热的方法来。对于大多数动物来说，那就是在晚上活动，白天藏匿在沙子底下。热蚁却反其道而行之，充分利用了炎热带来的好处。

热蚁是世界上最耐热的蚂蚁，能适应的温度比其他种类的蚂蚁高10摄氏度。令人惊讶的是，它们的活动在中午最频繁，那时的地表温度超过70摄氏度。它们这么做的理由很简单：它们的食物是被热死和在炎热中濒死的昆虫。为了让这种生活方式成为可能，它们演化出了大长腿。长腿使它们的身体远离灼热的沙子，比地面高4毫米，那里的气温就能比地表温度低10摄氏度。这种蚂蚁跑得非常快，从而减少了每条腿接触地面的时间。

虽然耐热，但热蚁也不能肆无忌惮：一次觅食只能持续30分钟，离开巢穴的安全距离不超过50米。要是对温度判断失误，它们很容易落得和自己所寻找的被热死的昆虫一样的下场。如果地表温度高到危险的程度，它们就会被迫回到地下的巢穴里，或者爬到草上稍微凉快一下。

因为热蚁能在白天觅食，所以几乎没有动物与它们争夺食物。不过，至少还有一种捕食者同样活跃在炎热的白天，那就是隆头蛛。

这种蜘蛛应对高温的方法是用沙子和蛛丝编织一个遮蔽网，网下有一个浅坑，坑里还有一条用于撤退的10厘米长的垂直穴道，里面布满蛛丝。隆头蛛在网边布下黏丝，这些黏丝与下面的蛛丝相连。这样，一旦有蚂蚁触及陷阱，它们就能感觉到震动。那时它们就会跳出来，拖着蚂蚁的腿，将其拽进洞穴里。要是外面的天气实在太热，隆头蛛就会任由蚂蚁困在网中被太阳晒死，然后把它拖到地下。

▲ **沙漠亡魂赐予热蚁生命。** 纳米布沙漠中的热蚁在一天中最热的时候外出觅食，它们的目标是一种不耐高温、数量更多的蚂蚁。热蚁的腿格外长，这样能让身体远离灼热的沙子。它们站着的时候至少会有一条腿不着地，以便能凉快一些。

▶ **（上图）陷阱。** 隆头蛛的洞穴上方横着蛛丝，还铺着沙子，那是为粗心的昆虫设置的陷阱。

▶ **（中图）袭击。** 一只蚂蚁被咬得无法动弹，然后被拖着腿拽进了蜘蛛洞里。

▶ **（下图）守株待兔。** 一只10毫米大小的隆头蛛在沙垫的正下方坐等猎物送上门来。在炎热的天气里，洞穴能让它保持凉爽。一旦有猎物（通常都是蚂蚁和甲虫）出现，与沙垫相连的蛛丝就会提醒隆头蛛。

团队的杰作

纳米比亚埃托沙国家公园的中央是一块 120 千米长的盐场，又平又大，在太空中都能看到。这里看起来就跟外星球表面似的。到了 10 月，这个地方的气温能达到 48 摄氏度。但这里的物种数量多得令人称奇，有跳羚、大羚羊、角马、斑马和长颈鹿等。它们之所以能在这里生存下来，是因为这里有无数水坑，动物常常聚集在那里。你可能觉得狮子很容易在这种地方猎食，其实不是这样。水源附近几乎没有遮蔽，狮子想在不被发现的情况下偷袭猎物简直不可能，白天更是如此。

为了在这种开阔的地带生存，狮子不得不团结起来，组成规模庞大的狮群，有些狮群甚至是非洲最大的。在别的地方，狮群的主要功能不在于猎食，而在于养育与保护幼狮不被其他狮子伤害。实际上，一两头雌狮捕猎的结果与 6 头雌狮一起捕猎的结果几乎是一样的，除非它们是在埃托沙。

20 世纪 90 年代，一项关于埃托沙狮群的长期研究显示，狮子的合作程度很高，在猎捕跳羚时尤其高。抓住一只跳羚至少需要 6 头雌狮各司其职、联手合作。体重较轻的雌狮从左右两侧接近跳羚，它们的职责是把猎物赶到中路，那里一般由体重较大的雌狮负责。如果这些狮子每次都在同样的位置上起作用，猎捕的成功率会更高。因此，狮子学会在特定的位置上发挥作用，对于整个团队来说都是有益的，同时也可以让狮群在这种条件艰苦的栖息地里得以生存。

狮群还会利用变化的环境。12 月，旱季终于结束，风暴成了捕猎的绝佳掩护。风从矮处的植物上呼啸而过，掩盖了狮子追踪的脚步声与气味。原本在乌云下就已经看不清环境，强风刮起的尘土进一步降低了能见度。由于猎物的感官变得迟钝，狮子更容易接近猎物发起攻击。有了这些环境因素的帮助，成功捕猎所需的雌狮数量大为减少。这又是一种解决无处藏身难题的办法。

▶ **各司其职的捕食者。** 随着狂风呼啸而过，狮群中的三头雌狮站到了预设的位置上。埃托沙盐场上无处藏身，狮群利用环境的噪声袭击来水坑边饮水的猎物。每头雌狮在一次捕猎行动中都有特定的作用。

第 4 章

海岸——只争朝夕

海岸是海洋与陆地之间变幻莫测的地带，也是自然界中条件最严苛的栖息地之一，这里的动物都面临着巨大的生存压力。大风掠过海岸，巨浪不断拍打岩石，用咸涩的海水淹没这里的"居民"。每天潮起潮落，海岸每 6 小时变换一次状态。对于捕食者和它们的猎物而言，海岸物产丰富。但那里变幻莫测，这就意味着好机会不是时时都有的。因此，对于捕食者和猎物来说，最重要的就是要在合适的时间出现。

▶ *海边赢家*。智利的岩石海岸上，有一只大小与家猫差不多的秘鲁水獭，它有幸未被海浪吞噬，还把一只章鱼带到了岸边。

◀◀（第 126~127 页）冲向鲑鱼。一群鲑鱼聚集在阿拉斯加海岸边的浅滩上。为了抓到鲑鱼，棕熊冲入了海浪中。

把握潮汐

如果你真想感受一下潮汐的威力，那就冒险去世界上最辽阔的海岸边走一遭吧。虽然这片广袤的荒野看似平淡无奇、无甚特色，但这里是感受广阔的天空和多彩的自然最好的地方。英格兰东海岸的沃什湾就是这样一个地方。要想走进这片海岸，得挑个好时机。高潮时间一过，你就得紧跟退潮的水前行。只需一小时左右，你就能进入一个既没有房屋又没有树木的世界，一个只有广阔的天空和千千飞鸟的世界。这些飞鸟大多是来此歇息和觅食的各种涉禽与粉脚雁。

退潮打开了丰富海产宝藏的大门。粘在你的靴子上的泥巴里全是涉禽喜爱的无脊椎动物。全世界的涉禽都有自己的捕食方法。北美的长嘴杓鹬的喙是所有涉禽里最长的，能伸进泥浆里 20 厘米，是捕捉虾蟹的最佳工具。塍鹬是一种较小的涉禽，它们的喙部长且微微上扬，对震动非常敏感，能感觉到泥浆里隐藏着的猎物。小小的珩鸟则善于搜寻泥浆表面的猎物。它们也像许多其他海鸟一样，会抖动双脚，把虫子带到泥浆表面来。

闲观涉禽取食，静听飞鸟鸣叫，令人昏昏欲睡，但你必须在合适的时间安全返回海墙之内。涨潮的速度惊人，如果你没有抢先出发，

◀ **泥浆里的宝藏。**英格兰东海岸退潮后，露出了沃什湾的大片滩涂，那是英格兰最大的海湾。滩涂里数以百万计的微小生物让沃什湾变成了全球涉禽重要的觅食地。

可真有身陷滩涂被淹死的危险。对于在沃什湾的滩涂上栖息、吃大叶藻的粉脚雁来说，它们还能在周围的农田里吃点别的东西。大潮卷来时，雁群排成 V 字形从海上飞过，啼鸣不止。许多涉禽的食物只有滩涂里才有，但这个食物宝藏即将要关闭 6 小时。

    成群的涉禽追逐着涨潮的海浪，想拼命抓住最后一丝捕食的机会。它们前仆后继，如海浪翻涌。随着暴露的滩涂面积越来越小，之前分布在整个沃什湾海岸上的涉禽聚成了越来越密集的鸟群。待你安全回

▲ **沃什湾的涉禽。**涨潮时，一大群大滨鹬聚集在英格兰沃什湾。潮水退去后，成千上万只大滨鹬会再次转移到滩涂上觅食，它们主要寻找的是个头较小的薄壳软体动物，如波罗的海樱蛤、鸟蛤等。它们会把这些软体动物整个吞下。

到海墙之内时，成千上万只涉禽在空中盘旋，远远看去就像扭结成团的烟雾，形成了英国乡村最为壮观的自然景观之一。

带翅膀的捕食者

秋天到了，英国海岸上的涉禽数量达到高峰。沃什湾里的大多数涉禽是大滨鹬，数量多达 10 万只。它们的繁殖地位于加拿大和格陵兰岛的极地地区。由于难以忍受极地的严冬，它们出逃至此。游隼也是来此享受的一员。夏天它们在高地上繁殖，冬天就会回到海边捕食。它们捕食猎物时凭借的是惊人的飞行速度而非出其不意。大滨鹬靠形成密集的鸟群在空中盘旋和变换队形来抵御侵袭。研究表明，鸟群越大，游隼的成功率越低。因此，对于单只大滨鹬而言，还是跟同伴在一起更安全。

同样在冬天来此休整的雀鹰捕猎时凭借的就是出其不意而非速度了，它们圆圆的翅膀特别适合在林间飞行。因此，它们来到海边后，更喜欢待在入海口附近的林地里。雀鹰最喜欢的食物是红脚鹬，那是一种大小和画眉差不多的涉禽，脚呈红色，叫声如哨，甚为独特。有时，红脚鹬似乎能感觉到有埋伏，但涨潮的海水把它们驱离滩涂时，它们也没有别的办法，只能在盐沼里栖身。雀鹰一旦发现红脚鹬进入攻击距离，就会冲出去发动突袭。

与大滨鹬一样，红脚鹬也知道扎堆比较安全。多一双眼睛就多一些警惕，结成鸟群会让游隼无从下手，因此雀鹰的奇袭也更难奏效。红脚鹬知道如何应对这两种捕食者。以速度和耐力见长的游隼来袭时，它们就待在地上不动；但雀鹰一出现，它们便马上飞走。显然，它们知道灵活的雀鹰更擅长捕捉地上的目标。

沙滩

每天的潮汐循环主宰着滩涂和入海口的捕食者与猎物的生存。同样，这也对沙滩上的生物有很大的影响。澳大利亚西海岸有着世界上最大的潮差，涨潮与退潮时水位的差异超过 10 米。一望无际的沙滩看似荒芜，但往沙层下探索，你就会发现其中生活着很多种类的小动物。

▶ **游隼的冲击。** 游隼凭借一个高速俯冲，将一只大滨鹬击落并在它坠落的过程中抓住了它。游隼故意贴近鸟群飞掠，惊吓大滨鹬，让它们从地面上飞向空中。虽然成群的大滨鹬不易得手，但游隼很有经验，总能从鸟群中挑出一只来发动攻击。

◀ **开拔**。潮水回落，数百只沙泡蟹出现了。它们抵御鸟类攻击时有二大法宝：数量庞大、快速前进（大多数蟹类只能横行）和钻入沙中。

▶ **吞沙**。沙泡蟹以极快的速度把沙子和水一起吞入，吃掉里面的微小生物和有机碎屑。它们会一连吞食沙子好几小时，直到再次涨潮。

潮水退去后，在沙滩表面的软沙上出现了许多小孔，每个小孔里都有一双灵动的小眼睛。那里潜伏着一只只沙泡蟹（学名为圆球股窗蟹），大小如豌豆，它们等着在裸露的沙滩上寻找有机物质。但是，有许多捕食者正等着它们，其中包括涉禽、海鸥，甚至还有翠鸟。因此，它们只会等到沙滩全部露出的时候才突然以庞大的数量一起出现，借此迷惑捕食者。它们很谨慎，总是一起出来觅食，而且从来不会远离自己的洞穴。

随着潮水退尽，沙泡蟹集结成以数百只为单位的大部队，一起在海滩上觅食，它们在沙子上留下了新的细小的痕迹。一大群捕食者汹涌而来，苍鹭和白鹭也加入了涉禽与翠鸟的行列。但沙泡蟹比其他蟹类更为灵活，它们不仅能横行，还能前进。危险来临时，大部队会分散成小分队，向不同方向散开，以迷惑捕食者。要是危险来得太快，蟹群会采用"快速消失法"——钻回沙子里。

耕沙的艺术

　　在澳大利亚西海岸，潮水退去，小小的沙泡蟹在沙滩上的家露出来时，它们就从洞穴里出来劳作了。它们只能趁着沙子还潮湿的时候挖沙，并赶在沙子干燥之前快速吞食沙子。沙泡蟹在沙滩上有条不紊地劳作，它们用嘴过滤沙子，吃掉微小生物和有机碎屑，然后把沙子以小圆球（沙泡）的形式吐出来。延时摄影技术展示了一只沙泡蟹在几分钟之内就能处理完很大一片沙滩。随着它在沙滩上觅食，其身后会留下一列列沙泡。这些沙泡以洞口为中心向四周辐射，像车轮的辐条一样。沙滩上很快就布满了好几百个这样的辐射图案，它们的分布十分巧妙，没有沙泡蟹会侵入邻居的领地。这种耕沙艺术的作用可不只是划分领地。在前来捕食的鸟类出现时，这些排列巧妙的沙泡能指引沙泡蟹安全、迅速地回到洞穴里。

▲ **沙泡的产生。**随着沙泡蟹快速吞食沙子（口腔的特殊结构会把微小生物和有机碎屑滤出），沙子被团成一个个湿润的小球，从它的腿间滚回地上。

▶ **耕沙。**沙泡蟹的速度很快，它在一分钟之内就可以排出十几个沙泡。它会围绕自己的洞口沿着圆形或半圆形的轨迹移动，保证自己随时能逃回洞穴内。最后那排沙泡标出的就是逃生路线。

岩表猎食

  澳大利亚的海滩上不仅住着一些非常善于逃生的艺术家，还住着同样灵巧的捕食者，其中最为特别的是新近才被发现的阿布多普斯章鱼。它们在澳大利亚北部、印度尼西亚和菲律宾均有分布，大小从高尔夫球到网球不等。这种捕食者住在礁石上，在退潮后留下的浅水里捕食。它们与大多数章鱼一样，能改变自己的颜色与形状。这种能力既能帮它们捕食，又能助其逃离敌人的侵袭。但是，在一片岩滩上没有合适的猎物之后，阿布多普斯章鱼就会做出一些惊人之举。它们会出现在热带的烈日之下，从浅水中爬出来，穿过即将被晒干的礁石表面，直到找到一片有猎物的新岩滩。

  在岩滩上，无论是捕食者还是猎物都必须遵循潮汐规律，抗得住海浪的冲击。在南美洲的太平洋沿岸，有几处岩滩的海浪最为汹涌。

▲ **是时候挪窝了。**阿布多普斯章鱼吃光了一片岩滩上的食物后，就会去找一片新的岩滩，那里有因为退潮而被困住的猎物。它们爬行时会根据岩石的外表改变自己的颜色和形状。

▲ **小水獭，大胃王。**秘鲁水獭正在享用一只螃蟹，那是它从崖底的岩石海床上抓来的。因为水獭没有脂肪可以抵御冰冷的海水，所以它们在水里的动作必须快速、高效。

那里正是秘鲁水獭的家。秘鲁水獭是世界上最小的海洋哺乳动物，比欧洲水獭小多了。小巧苗条的体形使它们在潜水时容易散失热量，因此它们需要保证自己在冰冷的海水中捕食的时间不能过长，以免体温太低。

秘鲁水獭喜欢的食物（尤其是螃蟹）大都分布在海底岩石上。虽然秘鲁水獭能屏住呼吸一分钟以上，但它们的捕猎策略是以短快节奏潜入海底，而且它们在 20 分钟左右就能游 2 千米。秘鲁水獭喜欢礁石较多的海湾，那里便于它们躲过海浪拍打海岸的破坏性力量。直到最近，人们才弄明白秘鲁水獭是如何在海浪底下捕食的。《猎捕》摄制组发现，秘鲁水獭之所以那么小主要是因为它们需要很高的灵活性，以便挤进海底的石缝中。

◀ **斧与砧**。一只年轻的长尾猕猴正在用石斧砸开鸟蛤，它还选择了一块石砧，以保持平衡。这种动物是泰国南部海岸沿线常见的"拾荒者"，它们主要以海鲜为食，在退潮时才会去觅食。

▶ **匠工精进**。退潮时，一只成年长尾猕猴使用经过特别挑选的石锤，熟练地将牡蛎从岩石上砸下来。

工具是必要的

　　长期居住在被海浪拍打的岩滩上的动物需要一些保护措施。藤壶、帽贝和牡蛎都有能附着在岩石上的外壳，螃蟹和龙虾则身穿盔甲。因此，若要以这些动物为食，捕食者需要特殊的本领，否则就得非常强壮。

　　乌鸦和海鸥属于聪明的动物，它们会飞到很高的地方，然后把贝类扔到岩石上摔开。在岩滩上的捕食者中，最聪明的要数生活在泰国海岸边、会使用工具的长尾猕猴。它们会用不同的工具处理不同的贝类。要把牡蛎从岩石上敲下来时，它们会用石斧。根据记录，最大的石斧重达 1.7 千克，这对于一种平均体重只有 5 千克的动物来说非常沉重。它们会根据软体动物的大小和所处的位置来选用不同大小的石斧。

　　有时，长尾猕猴也会以巴掌大小的笋螺的壳为镐，把牡蛎从岩石上撬下来。而对于鸟蛤和海螺等其他贝类，它们会使用石锤和石砧。事实上，这些聪明的灵长类动物在海边寻找贝类的样子与人类非常相

似，而且它们是除了人类以外唯一一会使用工具来杀死和处理猎物并以
其为食的动物。

有时吃草，有时吃鱼

对于生活在海边的生物来说，影响它们生活的不仅仅是每天潮汐
的变化。阳光的照射使海洋出现了季节性变化，影响了浮游生物的繁

衍生息，从而也促进了整个海洋生态系统的运转。许多捕食良机都与海洋的季节性变化有关。为了能分得这份红利，捕食者必须在合适的时间到达海边。

世界上最为壮观的海滨盛会之一是每年夏天出现在阿拉斯加卡特迈国家公园海岸边的海洋生物大聚集。那处海岸的面积同威尔士相当，人迹罕至。卡特迈的棕熊数量最多，超过 2000 头。这里是棕熊的国度。冬天，冰雪覆盖的火山是它们的住所。夏天，荒野上纵横交错的湖泊和河流里全是鱼。秋天，低处的林地里挂满浆果。但真正的诱惑在海边，这是此处棕熊数量成为北美之冠的原因。

每年夏天都有 100 多万条红鲑（学名红大麻哈鱼）从大海洄游到卡特迈的河流里。它们已经在海里生活了两三年，现在要游大约 48 千米，穿过瀑布，越过激流，回到上游源头的砾石河床上产卵。但在出发之前，它们得先调整自己的新陈代谢，以适应淡水环境。因此，每年都有 100 多万条红鲑在卡特迈海岸的浅水里生活 6 周左右，直到它们的身体适应了，才开始长途跋涉回到上游。这就是棕熊一直在等待的机会。

卡特迈棕熊会蜷缩在高处的雪山洞穴里过冬，6 个月没东西可吃，它们都饿坏了。4 月底，母熊和刚出生的幼崽是最后一批从洞穴里出来的，它们已经饥饿难耐。积雪被新一年的暖阳融化，摆在它们面前的是很长一段下山的路。等它们到达海边时，红鲑还在深海里。棕熊没有别的选择，只能在海边的草地里吃草，实在难以满意。这是一段很紧张的时间，草丛里挤满了饥饿的棕熊。在接下来的几个月里，母熊不得不对公熊保持警惕，幼崽可是公熊在这段时间里最好的食物。

到了 7 月中旬，棕熊也快熬出头了，它们开始向着海边进发。虽然鲑鱼还没到浅滩，但棕熊似乎已经感觉到了美食在靠近。沿着潮线，满怀期待的棕熊直起身，遥望远处的大海，似乎在盼望鲑鱼的出现。它们不是唯一的捕食者。波浪起伏的海湾里有探着脑袋、在海浪中忽隐忽现的海豹和从山中飞来的渡鸦，有时甚至还有狼潜伏在海滩附近，盯着棕熊。突然之间，随着鲑鱼跃出浪涛闪现出第一道银光，盛宴开席。在接下来的 6 周里，卡特迈湾将不断上演捕食大戏。

这个国家公园非常偏僻，几乎无路可至，也没有狩猎活动，因此这里的动物都不太怕人。你可以坐在海边，离棕熊或狼只有几米之遥，欣赏它们非凡的狩猎技巧与策略。首先入席的是体形庞大的公熊，它们敢丁闯进鲑鱼借以进入浅滩的巨浪里。但一开始，哪怕是最有经验

▲ 只能吃草。一头母熊和它的幼崽在阿拉斯加沿海的草地里吃着鲜嫩多汁的青草。春天和夏天，一直到鲑鱼游到入海口之前，青草都是它们的主食。它们甚至还得离公熊远一点儿，以免幼崽被公熊杀害。

的棕熊也似乎会忘记捕鱼技巧。它们一次又一次冲进巨浪里，激起巨大的水花，但鲑鱼常常从它们的掌边溜走。即使有的棕熊最终能逮到一条鱼，也可能被另一头赶来的棕熊抢走。

海浪中的巨熊之争没有母熊和幼崽插手的机会。它们要等到鲑鱼开始在入海口聚集的时候才有机会。没有了好斗的公熊的干扰，母熊捕猎的办法就多了。它们不只是扑向跃起的鲑鱼，更多的时候它们会

▼ **海滩巡视。** 棕熊和狼在阿拉斯加卡特迈湾的入海口巡视,等着洄游的红鲑靠近。狼紧跟着捕鱼的棕熊,等着分一杯羹。

来到平静的河流中,把头伸到水下去搜寻鲑鱼的踪迹。浮潜作业适合单身母熊,而对带着幼崽的母熊来说就不合适了。后者会等到潮汐变化、鲑鱼往上游游去的时候才开始捕食,这时河里挤满了在浅水中摇摆扭转的鲑鱼。母熊一边照看岸边的幼崽,一边捕鱼。

鲑鱼数量激增,对于等待已久的狼来说也是一个好机会。它们和乌鸦一样,是在棕熊的身边上捡漏的专家。在浅滩上,它们自己也能逮到鲑鱼。事实上，这些聪明的捕食者在捕鱼这件事情上比棕熊强多了。

到了 7 月底，第一批鲑鱼会洄游到上游产卵。棕熊一路跟随，聚集到瀑布附近捕捉跃起的鲑鱼。这种天赐之福对所有捕食者的生存来说都至关重要。事实上，卡特迈湾的棕熊一年里近 90% 的食物都来自鲑鱼洄游的这段时间，这种福气能一直持续到 10 月。相比之下，生活在海拔更高的山上、从不到海边来的灰熊几乎只能以浆果为食，它们的个头也比这些吃鲑鱼的亲戚小。

海滨之爱

鲑鱼来到海边这件事情对于世界上许多在海边捕食的动物的生活都有决定性的影响，但有一种鱼能带来更为壮观的海滨奇观。每年夏天，数百万条毛鳞鱼会到大西洋北部的纽芬兰湾产卵。世上只有两种鱼会从海里游到海边产卵，而毛鳞鱼就是其中之一（另一种是银汉鱼，生活在加利福尼亚南部和加利福尼亚半岛附近的海域，其数量比毛鳞鱼少得多）。数量如此庞大的毛鳞鱼抵达纽芬兰湾后，它们几乎成了各种捕食者赖以生存的根本。

产卵期到了，纽芬兰湾翻腾的海浪里卷着成群的毛鳞鱼。这些身长不足 25 厘米的鱼儿在海浪中闪耀着银蓝色的光泽。整片海滩上很快就会有数十万条毛鳞鱼在翻腾扭动。这是爱情的舞步，每条雌鱼都会紧紧地与两条雄鱼交合在一起。雌鱼会产下 6000~14500 枚卵，留在沙中孵化。已产卵的雌鱼当年不会再来这里，但雄鱼会继续在浅滩上流连，再碰四五次运气。在一个月左右的时间里，海边挤满毛鳞鱼，这对许多捕食者来说都有着无法抗拒的诱惑。成群的海鸥从拍岸的海浪里抓鱼，而赤狐则由于抓得太多，不得不先将猎物埋在沙子里，供日后食用。纽芬兰湾的白头海雕数量为 300~600 对，这里是整个北

▶ **鲑鱼大餐。**一头公熊抓住了一条要洄游到上游繁殖地产卵的鲑鱼。不像体形更大的公熊在海边捕鱼，年轻的母熊和带着幼崽的母熊通常会等到鲑鱼游到河里才开始捕鱼。

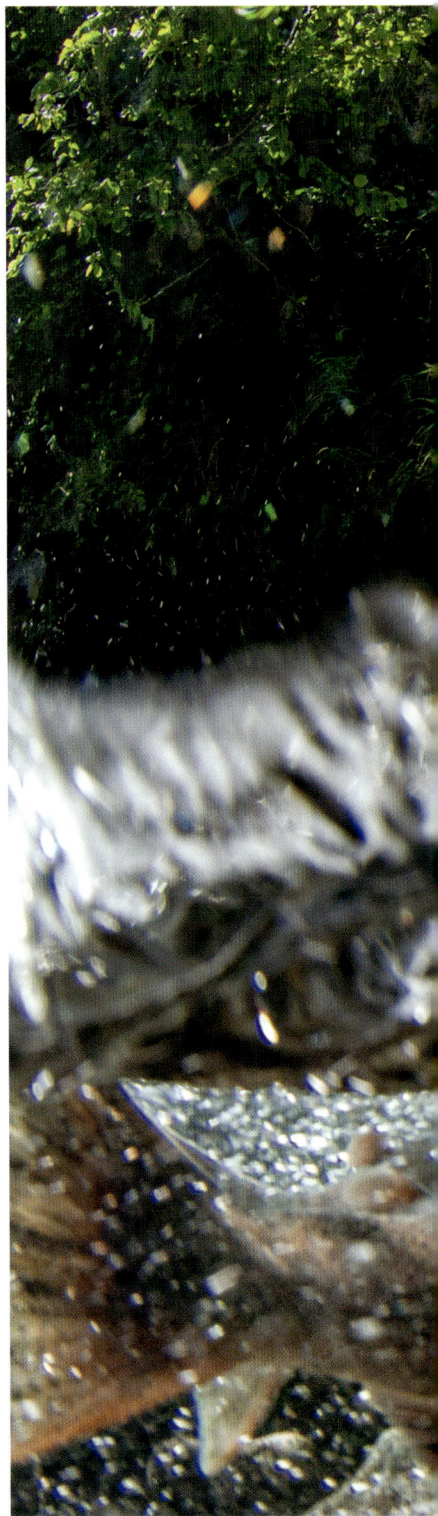

美白头海雕数量最多的地区之一。白头海雕基本上就靠捕捉这种鱼为食。

没有人知道为什么毛鳞鱼会离开自己生活的地方到沙滩上产卵。可能是因为温暖的沙子能让卵更快地孵化吧，也可能是因为这是一种躲避海中捕食者侵袭的方法。毛鳞鱼在海洋食物网中是关键的一环，鳕鱼、鲱鱼和大比目鱼等大型鱼类每年夏天都在等着它们归来。纽芬

▼ **不幸的爱人。**被困在纽芬兰湾的毛鳞鱼很多，它们要么已经横尸海边，要么奄奄一息。在海边等待已久的捕食者包括较大的鱼类和座头鲸。

兰湾的许多海鸟也会调整自己的繁殖时间，以便雏鸟正好能在毛鳞鱼抵达时孵出。迄今为止，数量庞大的鱼群吸引到的最大捕食者是座头鲸。每年夏天都有全世界最大的座头鲸捕食群体来到这片水域。这些鲸离开位于加勒比海的繁殖地，向北美东海岸游去，算准时间在毛鳞鱼产卵的高峰期抵达。

座头鲸面临的难题是毛鳞鱼会到浅水区或沙滩上产卵。通常，座头鲸会用巨大的口腔和伸缩自如的喉咙一下子吞入挤满了鱼的大量海水，然后通过嘴巴两侧的鲸须板过滤出里面的鱼。座头鲸的鳍是所有鲸中最长的，因此它们特别灵活，捕食的速度也很快。这是捕食游动速度较快的鱼类的必备技能，但这种捕食方式需要消耗惊人的能量，只有以密集鱼群为目标时才能收回成本。毛鳞鱼产卵时会紧贴在水底，所以座头鲸需要把它们赶入卷起的水柱中，聚成密集的鱼群，以便将其一口吞下。鳕鱼等饥饿的鱼类也能帮忙把较小的鱼从海床上赶入深水处。纽芬兰湾的座头鲸也会采用不同的方法，它们沿着悬崖底部捕食，把毛鳞鱼逼入绝境。在悬崖下捕食对于一头35吨重的鲸来说很危险，所以它们会选择平整的峭壁，尽量避免受伤。

一直以来，人们只在海面上见过座头鲸以猛吞的方式进食，但给纽芬兰湾的座头鲸装上电子标签之后，科学家发现它们也会在毛鳞鱼密集的深水区以这种方式进食。晚上捕食时，它们会发出高频的敲击音。它们可能像海豚一样，以这种方式扫描海底，搜索鱼群。它们甚至可能用这种声音把毛鳞鱼赶到一起，圈进水柱里，以便猛吞进食。

海陆交界处的繁殖

　　为了来海陆交界处繁殖而遭受捕食者侵袭的不只是鱼类。海龟的祖先是陆地爬行动物，如今海龟仍然需要在旱地上产卵。大多数海龟愿意在偏僻的小岛上筑巢，那里的捕食者会少一些。它们通常会一次产下很多卵，以减小被吃光的概率。澳大利亚约克角半岛外有一个小型沙地岛屿——螃蟹岛，那里是濒危的平背龟为数不多的独立繁殖点之一。当那些1米长的海龟从海浪里现身时，你可能会觉得坚硬的外壳就能够保护它们的安全。但等待它们的是湾鳄。就在海龟来到螃蟹岛上繁殖的时候，这些六七米长的大怪兽也沿着海湾一路游到了这里。有人曾经看见湾鳄叼起整只海龟并将其抛到空中，然后用强有力的嘴巴将它接住并咬碎。

　　即便成年海龟能够逃脱湾鳄的侵袭成功产卵，许多带着翅膀的捕食者也会在一旁虎视眈眈。刚孵出来的小海龟打算借着夜色潜逃，但数百只夜鹭会把它们从岸边抓走。有些鹈鹕甚至会用喙筛沙子，翻出刚孵化出来的小海龟。小海龟成功地回到海里后，还有鲨鱼等捕食者要吃掉它们。

　　有一种海龟会在海边大量筑巢，那就是太平洋丽龟。在哥斯达黎加海岸，这种海龟和它们刚孵出来的宝宝要应对多种捕食者，如庞大的美洲豹、狡猾的浣熊、敏捷的军舰鸟、坚毅的沙蟹以及数不清的蚂蚁。它们的策略是只在几个晚上集中产卵。数十万只太平洋丽龟同时筑巢的壮观景象被称为阿里巴达现象。在有些地方，由于聚集在沙滩上的海龟实在太多了，你甚至可以踩着龟背从海滩的一头走到另一头。

渴求温暖

　　许多其他海洋哺乳动物也不得不回到岸边繁殖下一代，但原因有所不同。所有的鳍足类动物（包括海豹、海狮和海象等）都觉得在海里生产和哺育幼崽太耗费能量。在海面结冰的高纬度地区，许多海豹会在冰面上产崽。当然，生活在北极的海豹有被北极熊吃掉的危险，因此它们会把哺育幼崽的时间尽量缩短。而在南极洲，威胁来自会把其他海豹从浮冰上抓下来的豹海豹和利用猛冲掀起的海浪把海豹冲下来的虎鲸。海冰上没有可以挡风的地方，而且海冰可能裂开，因此只要有可能，海洋哺乳动物就倾向于在旱地上繁殖下一代。

　　大西洋南部的南乔治亚岛的沙滩上挤满了海豹，游人几乎无处下脚。夏天，会有近400万只南极毛皮海豹（占全球总数的90%以上）

▲ **太平洋丽龟。** 11月，数十万只雌性太平洋丽龟爬上哥斯达黎加海岸，一年一度的大型筑巢活动即将开始。虽然有些海龟会被美洲豹和鳄鱼抓走，但更多的捕食者（包括人类）的目标是它们的卵以及刚孵出来正逃往海中的小海龟。

挤在这里的海滩上，而在一处 3000 米长的海滩上，5000 多只象海豹挤成了一堵墙。

如此多的海豹聚集在一起并不是因为它们惧怕捕食者的侵袭，而主要是因为存在社交优势。这些种类的雄性海豹都有很多伴侣，常常为了争夺领地和雌性而打斗。幼崽完全靠妈妈哺乳生活，所以雄性终日无事可做，除了打斗就是交配。雌性则通过与最强壮的雄性交配来获得庇护。

许多食腐动物，尤其是鸟类，都被吸引到海豹繁殖地附近的海边，但陆地上的捕食者相对少得多。位于纳米布沙漠边缘的纳米比亚海岸上生活

◀ **沙漠中的晚餐。**棕鬣狗正在追捕一只想逃到海里的小南非毛皮海豹。这种鬣狗是生活在纳米比亚海岸的鬣狗中的一种，几乎完全以繁殖地里的小南非毛皮海豹、南非毛皮海豹的死胎与胎衣为食。

▶ **成王败寇。**棕鬣狗把一只南非毛皮海豹幼崽叼上岸。黑背豺把这一切都看在了眼里，它会跟着棕鬣狗来到沙丘上，看看能不能分得一杯羹。

着一群几乎完全以非洲毛皮海豹幼崽及其尸体为食的棕鬣狗。在纳米比亚，这种濒危动物只剩下 800~1200 只，其中半数在海边生活，原因是南非毛皮海豹的哺乳期较长（大约 11 个月），这里全年都有南非毛皮海豹幼崽生活。这里的环境条件艰苦，但除了个头小一点的黑背豺以外，棕鬣狗再无其他竞争者，因此它们几乎独享了所有的资源。

离开海洋的生活

几乎没有海洋生物会离开大海到陆地上觅食，但是一种特别有组织的捕食者做到了这一点。有些专门以海洋哺乳动物为食的虎鲸发现，在海豹繁殖期间，岸边有丰富的食物。

南大西洋的克罗泽群岛是地球上最荒芜的地方之一，但每年象海豹洄游繁殖时都会有一群虎鲸出现在这里。这些深海象海豹的脂肪肥厚，它们一旦被虎鲸拉入巨藻里，海水就会被它们富含氧气的血液染

红。人们发现许多虎鲸每年都会到访故地，而且最近在马尔维纳斯群岛（英国称福克兰群岛）也发现了类似的现象。看来这种经验已经被传承下来了。

在阿根廷瓦尔德斯半岛的迎风海岸上，南美海狮结成小群在此繁育下一代。一群虎鲸发现，只要它们在合适的时间来到这里，就能在岸边掳走海狮幼崽。但它们得把大多数进攻机会集中到3月下旬至4月这几周里，这时海狮幼崽的大小正合适。要是来得太早，海狮幼崽还在砾石海滩上吃奶；而要是来得太晚，海狮幼崽已经长大，知道海浪里危机四伏，虎鲸就难以得手了。

为了更好地偷袭海狮幼崽，有些到访海狮繁殖地的虎鲸学会了高超的搁浅攻击法。通过快速游动，虎鲸借助海浪冲到岸上，然后顺势抓走一只尚未做出反应或逃得不够快的海狮幼崽。这种方法的风险在于虎鲸可能会被困在海滩上，因此你时常能看到虎鲸在岸边扑腾，想努力把巨大的身躯挪回海里。它们对潮汐十分了解，能根据地理位置的不同，专门选择在退潮或涨潮时发起攻击。为了在涨潮时取得成功，虎鲸还得算准海潮上涨到最高点的时间，这样它们离海狮幼崽更近，而且不用担心搁浅在岸上。在两个珊瑚礁之间形成的峡道里，涨潮前后6小时，水会变得更深，能延长虎鲸捕食的时间。许多虎鲸都喜欢在这里发起攻击，因此这种峡道又被称为进击峡道。

搁浅攻击法非常难以掌握，目前只有10头虎鲸能做到。每年有5群不同的虎鲸到访瓦尔德斯半岛的海狮繁殖地，而每一群里只有两头虎鲸会使用搁浅攻击法。但如果取得成功，它们会与同伴分享成果。不同的鲸群有不同的战术。一些会在涨潮过程中发起攻击，即使有虎鲸搁浅，它们一会儿也能被潮水卷回海里。另一些则鲜少离开海水，

◀ **进击峡道。**一头5米长的虎鲸（名叫贾丝明）从深水峡道中蹿起，在海浪之中直奔一只毫无防备的海狮幼崽（图中不易看到）。它很擅长在这种有利位置捕捉海狮幼崽。

而更喜欢在拍岸的浪花里掳走海狮幼崽。

最为特别的一点是虎鲸还会进行捕食教学。通常擅长搁浅攻击的虎鲸会把一只海狮幼崽带到海水较深的区域。在海狮幼崽还活着的时候，虎鲸会用尾鳍把它抛到空中。一场残酷的猫鼠游戏即将开场，经验不足的虎鲸同伴可以从中学会如何捕捉快速移动的海狮幼崽。这种危险的搁浅攻击法不仅对灵活性有很高的要求，还要求把握最佳时机。

▲ **海滩训练**。雌鲸贾丝明在涨潮时从深水峡道发动进攻，但它未能抓住海狮幼崽。旁边是它的孩子，正在观察学习。而海狮幼崽也学得很快，虎鲸捕食的时间被缩短了。

▶（上图）**瞄准出击**。海狮幼崽及时爬上了岸，躲开了贾丝明的攻击。贾丝明的孩子记住了这种搁浅攻击法，它还需要几年时间才能学会。虎鲸在 10 岁以前一般都不会采用搁浅攻击法。

▶（下图）**得手撤离**。贾丝明在海浪里抓住了一只海狮幼崽，然后带着猎物扑腾着离开岸边。

第 5 章

北极——受制于季节

对于极地的捕食者和猎物来说，应对持续的环境变化是它们在生存中面临的最大挑战。在地球上再也找不到另一个变化如此剧烈的地方。每到冬天，南极的冰面会因海面结冰而增加一倍。与此同时，在地球的另一端，随着夏天的到来，北冰洋上2/3的冰面都会融化，陆地上的冰雪也会消融，大自然褪去雪白的外衣，换上了棕色和绿色的衣裳。冰天雪地中的伪装大师该如何面对这一巨大变化呢？对于极地的捕食者和猎物来说，生存的唯一法则就是适应不断变化的环境。

▶ **北极兔。** 在加拿大的埃尔斯米尔岛上，小野兔从一只北极狼的口中逃脱。小野兔从断奶后一直到大雪来临前都会选择群居，以保安全。

◀◀ （第160~161页）**北极狐。** 春天，俄罗斯北部的弗兰格尔岛会吸引大量雪雁，北极狐因此可以找到许多雁卵和雏雁。这只北极狐正叼着从雪雁巢穴里抢来的卵，准备将其藏起来，留待以后食用。

冰上之王

北极熊是北极地区至高无上的霸主。这种全世界最大的陆地食肉动物非常适应北极冬天的生活。灰熊只能在白雪覆盖下的巢穴里度过北方的寒冬，北极熊却在漫长的极夜里穿梭于冰原之上。事实上，由于它们的保温能力太强，体温过高竟成了它们的主要问题。

北极熊的体温和人类的基本相同，可是它们的毛的末端的温度比体温低了75摄氏度。它们的毛不是白色的，而几乎是透明的。这样阳光就能透过毛，温暖毛下的黑色皮肤。皮肤反射的大多数红外线被中空的毛捕获，里面的空气升温，从而获得更多热量。北极熊的皮毛的保温效果非常好。用热成像相机给它们拍照时，你就会发现它们除了呼吸以外，基本上没有其他热量散失。

巨大的体形不仅使北极熊可以免受寒冷的困扰，而且是它们捕猎的必备条件。要是没有这样的力量和体重，北极熊就无法打破坚冰，捕获海豹。可是，块头太大也有缺点，它们活动时消耗的能量很多。体重过大意味着北极熊只能缓慢移动，提速困难。因此，北极熊的捕食过程也就是它们审慎地平衡从猎物中摄取的能量和捕食耗费的能量的过程。

◀ **游泳健将。**一头北极熊在捕猎失败后浮出了海面。海豹在冰上休息时，北极熊可以悄悄地游到它们附近，一旦海豹到了水里，它们就很难被抓到了。北极熊的皮毛就像一件干式潜水服，体内的脂肪使北极熊可以浮起来并在水中连续待上好几小时，甚至好几天。

海中美味

环海豹是北极熊最喜爱的食物，约占到它们的食物总量的 80%。这种海豹数量众多且分布广泛，总数超过 700 万只。同时，它们也是北极最小的海豹，甚至连幼熊都可以把它们解决掉。具有决定性意义的是它们的生活方式。北极的其他海豹生活在移动的浮冰上，而环海豹生活在靠近陆地的坚冰上。这种永久性的坚冰与陆地相连，即使在夏天也不会融化。

与其他北极海豹不同的是，环海豹的每只脚上有 5 个锋利的爪子，这种"设计"使其在挖洞的同时还可以保留通气孔（许多其他海豹则要依靠移动的浮冰上的气孔换气）。在冬天和早春，海豹要在冰块和厚厚的积雪下挖出一个个洞穴。冬天它们可以在洞穴里休息，春天可以在里面哺育小海豹。这样既能使它们免受北极寒风的摧残，又能避开北极熊的视线。

北极的冬日漆黑而漫长，大部分雄性北极熊和一些不在繁殖期的雌性北极熊会不停地在冰冻的海面上寻觅海豹。太阳已经是很遥远的记忆了，它也许只是地平线下的一缕微光。狂风怒号，气温降到了零下 70 摄氏度，冰面看上去毫无生机。在这样黑暗且毫无特征的世界里，北极熊如何寻找猎物呢？一个用拉布拉多犬做的有趣试验给出了答案。初春，研究人员让一只拉布拉多犬闻了闻死去的海豹，然后在冰原上放开它。让研究人员感到惊奇的是这只狗迅速找到了藏在冰下的海豹洞穴，更让他们感到意外的是藏在洞穴里的海豹数量竟如此众多，通气孔的密集程度也远远超出了他们的想象。每只海豹都会挖出 5~6 个通气孔来迷惑捕食者。然而在冬天，北极熊一旦找到一个被海豹占领的洞穴，就能抓到许多海豹。更令研究人员感到惊奇的是，狗竟然能闻到 1000 米开外的冰面下海豹的气味。这说明北极熊的嗅觉至少像狗一样灵敏。对于北极熊来说，嗅觉代表了一切。

▶ **四季的猎物。** 在所有海豹中，个头最小的是环海豹。在加拿大努纳武特的巴伦岛上，一只年轻的环海豹正在冰面上晒太阳。它褪去了婴儿时期用于伪装的白毛，换上了少年时期上黑下银的外衣。海豹在一周大的时候就会游泳了。为了躲避北极熊的追捕，它们还会潜水。这个年龄段的海豹已经不像婴儿时期那么容易被北极熊捕获了。

致命一击

一头北极熊在海冰上慢悠悠地搜寻猎物。它迎着风向前走去，这样有助于闻到猎物的气味。冰面下的海豹对细微的震动都很敏感。冰可以很好地传递声音和震动，冰面下的麦克风可以接收到 400 米以外的人类的脚步声。一旦察觉到北极熊的动静，海豹就会滑进海里。因此，北极熊在前进的时候必须格外谨慎，每走一步都要非常轻柔。

一旦走动到海豹洞穴上方，北极熊就会慢慢地把它的重心移到后脚掌上，然后猛然起立，全力砸向冰面。通常只有体形庞大、经验丰富的雄性北极熊才能一举成功。波弗特海上的海豹众多。针对那里的一项研究表明，在北极熊向海豹洞穴发起的 556 次攻击中，只有 46 次是成功的。对于大多数北极熊来说，冬天捕食的成功率非常低。非繁殖期的雌性北极熊往往只能捡其他北极熊吃剩下的猎物吃。也许要向海豹过冬的洞穴发起冲击正是北极熊保持如此巨大的体形的主要原因。

悠闲的南极居民

南极洲的威德尔氏海豹在很多方面都和环海豹非常相似，但它们比环海豹大得多。和环海豹不一样，它们要用牙齿在冰上留出通气孔。然而在春季繁衍的时候，它们不会受到来自南极大陆上的捕食者的威胁。

格陵兰海豹和威德尔氏海豹都要用 6 周的时间给小海豹断奶，只不过二者的过程有所不同。北极的环海豹不是群居动物，每一对海豹都会留几个通气孔来迷惑它们的敌人。而坚冰下的威德尔氏海豹没有被捕杀的压力，因此一般一只雄性海豹会和 8~10 只雌性海豹生活在一起，它们只保留一个通气孔。如果在南极的冰下潜水，你会听到由一阵阵美妙的呼叫声构成的旋律，那是雄性海豹在守护它们的雌性伴侣和通气孔。

与环海豹不同，威德尔氏海豹在冰面上无所畏惧，因此它们经常在外面一睡就是好几小时。北极的所有海豹幼崽都有白色皮毛作为伪装，而南极的海豹幼崽通常是黑色或灰色的。由于没有来自陆地的天敌，南极的海豹和企鹅在冰上的生活更加惬意。

▶（上图）捕猎幼崽。一只新出生的白色环海豹幼崽趴在洞穴上方的冰面上，丝毫没有意识到一头北极熊正在慢慢地、悄悄地靠近它。北极熊接近猎物时最大的挑战在于要做到悄无声息，这对于大型动物来说是非常困难的。

▶（下图）春季小丰收。海豹幼崽容易成为北极熊在户外活动时的零食。这只刚出生才几天的幼崽已经会游泳了，它本来有机会逃回妈妈为它搭建的冰下小窝，或在必要时穿过小窝下的通道直接潜入海底。

北极熊的尾随者

北极熊并不是北极浮冰上唯一的捕食者。北极狐一年四季都会外出捕食，厚厚的皮毛既是它们的伪装也是冬装。小巧的体形、短短的吻部、小小的耳朵以及趾间的绒毛都有助于它们保暖。可是，冬天对于生活在极北地区的北极狐来说依然异常艰难。

小小的北极狐无法打破环海豹洞穴上方的冰层，因此，它们只能依靠北极熊。只要跟在北极熊身后保持一段安全距离，它们就能分得一杯羹。到了春天，迁徙的鸟都飞回来了。此外，它们还可以捕到旅鼠。这时，北极狐就可以回归正常的捕猎生活了。

春季菜单

春天到了，其他海豹也陆续回到北极浮冰上繁衍后代。北极熊有了更多可以选择的猎物，但新的挑战也随之来临。髯海豹比环海豹大得多。它们不在坚冰下筑巢，而是在坚冰的边缘、逐渐变成浮冰的地带繁衍。对于北极熊来说，移动的世界更难适应。髯海豹处处小心翼翼，尽可能缩短新生的幼崽易受攻击的时间。髯海豹母乳的营养十分丰富，脂肪含量高达50%，小海豹出生6天后就可以断奶下水了。髯海豹较大的体形决定了只有体形也较大的北极熊才有可能捕食成功。

冠海豹和格陵兰海豹会在距离浮冰边缘更远的地方繁衍后代。与非群居的环海豹和髯海豹不同，冠海豹和格陵兰海豹经常好几百只一起聚集在栖息地上生活。这些栖息地都远离坚冰，但对于少数北极熊来说仍然是一个巨大的诱惑。由于它们集中繁衍后代，所以几乎所有的幼崽都在同一时期出生，北极熊不禁会挑花眼。此外，冠海豹母乳的营养非常丰富，它们的幼崽断奶只需要4天，比其他哺乳动物断奶的时间都要早。因此，那些冠海豹的哺乳过程在几周之内就会结束，而北极熊不得不再次回到内陆去寻找食物。

◀ **残羹冷炙。**这只北极狐可能跟着这头北极熊已经有一段时间了，它在北极熊身后打扫战场。在冬天没有小动物可以捕食的时候，北极狐要仰仗北极熊才能生存。一些北极狐甚至整个冬天都跟在北极熊的身后，保持一段安全距离。它们有时甚至要猛咬北极熊的脚踝来分散它的注意力，这样才能吃到剩下的食物。

太阳再次升起

北极的春天很快来到了。2月14日，在距离北极960千米的斯瓦尔巴群岛上，太阳在这一年中第一次升起来了。大约9周之后，也就是4月18日，太阳一天24小时挂在空中，一直到8月24日才会再次落到地平线之下。在温暖阳光的照射下，冰雪很快开始消融，绿色的浮游植物茂盛地生长起来，覆盖在水面上。积雪融化之后，陆地上露出了棕色和绿色的苔原，上面点缀着春天盛开的花朵。成千上万只鸟从南方飞回来了。经历了一整个冬天，寂静的世界开始恢复生机。每年都会有150多种鸟飞到北极来繁衍后代，海洋里蓬勃的新生命与24小时不间断的白昼为它们全天候的喂食提供了条件。

这些夏季来的"游客"都面临着同一个问题。它们来自一个满是树木和遮蔽的世界，然而在北极没有一处可以藏身。对于生活在南极的企鹅来说，这不是什么大问题，因为陆地上并没有捕食者来干扰它们的繁衍，这也是它们失去飞翔能力的主要原因。然而在北极，北极狐专偷鸟卵和尚处于哺育期的幼鸟。北极鸥、矛隼和雪鸮也跟着这些到北极繁衍后代的鸟的先锋部队一起北上捕食。到了夏天，孤注一掷的北极熊也会袭击鸟类的巢穴。所有来北极繁殖的鸟都必须想出法子对付这些捕食者。

崖顶生活

大多数海鸟的巢穴建在海岸附近陡峭的崖壁上。一处崖壁上可能有数十万只处于繁殖期的鸟，这构成了北极最壮观的场面之一。其实，生活在崖壁上的鸟只有4种，大部分是海鸽，黄嘴潜鸟也很常见。它们的巢穴往往建在狭窄的崖壁上，卵则为特殊的尖头椭圆形，这样不易从崖壁上滚落。另外，还有两种三趾鸥——黑腿三趾鸥和红腿三趾鸥，它们的巢穴往往建在宽一些的崖壁上。北极狐踌躇满志，想要登上鸟筑巢的高地。可是在大部分情况下，崖壁为鸟提供了绝佳的安全保障。

生活在北极地区的大多数海鸟还有另外一种防御策略。小海雀的个头与椋鸟差不多，所以能挤进高高的崖壁下面岩屑堆的缝隙里。在岩石的保护下，北极狐无法接近小海雀的卵和雏鸟。成年的小海雀依旧要与空中的捕食者——北极鸥与矛隼周旋。

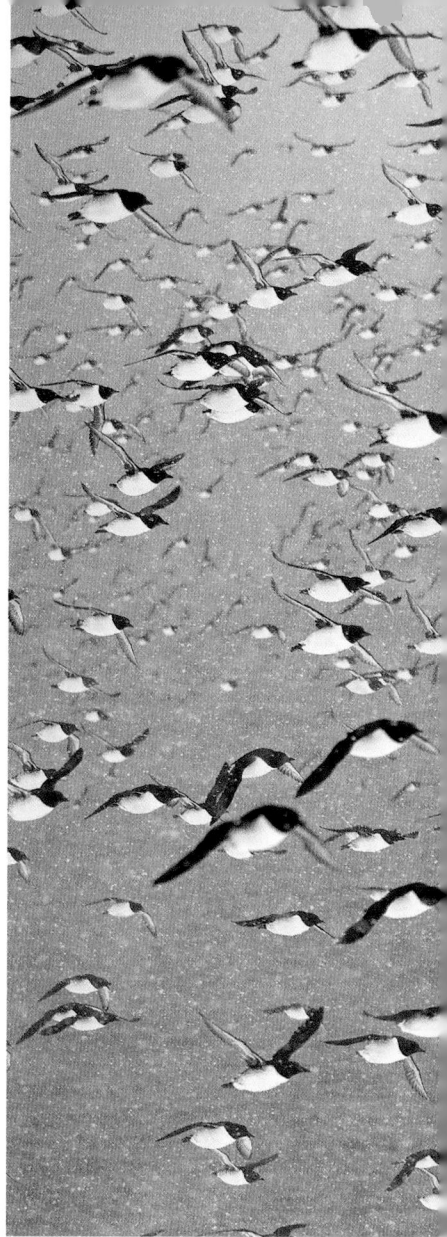

▲ **海鸽来了。** 在挪威的最北部，成千上万只海鸽飞往它们栖息的崖壁。这些海鸽在海上过冬，到了3月就会回到它们的巢穴。一旦崖壁上的冰雪消融，它们就立即开始产卵。

　　矛隼是一种生活在北方的猛禽，主要有灰和白两种颜色。这两种颜色都可以为它们在冰雪中提供绝佳的伪装。为了免受来自空中的袭击，小海雀既要防范矛隼，还得提防北极鸥，因此它们总是把巢穴筑在一起。它们最大的栖息地位于格陵兰岛，那里聚集了 100 多万对小海雀。成群结队的成年小海雀从海上带回食物，看上去就像烟雾状的旋涡。到达栖息地的时候，它们不会直接回到巢穴中，而是会在碎石坡附近来回转悠，拍打着翅膀围成一圈，十分吵闹。对于像矛隼这样的捕食者来说，贸然钻进一大群小海雀里十分危险。因此，它们更倾

◀ **悬崖上的繁育者。** 黄嘴潜鸟的巢穴位于斯瓦尔巴群岛上的一处陡峭的崖壁边上。这样的地理位置可以保证它们的卵和雏鸟远离陆地上的捕食者，却无法躲避海鸟的侵扰。卵在同一时期产下（每一对黄嘴潜鸟产一枚卵），雏鸟孵化后跳海滑行的时间也大致相同。这时，它们不会飞行，还要依靠群体在数量上的优势赢得生存的机会。

▶ **卵石上的产卵者。** 在斯瓦尔巴群岛海岸边的一处栖息地上，一对小海雀在它们的巢穴外休息。它们的巢穴筑在悬崖下面的碎石坡上。在巢穴和岩石间的裂缝中更加安全，孵出的小海雀有时间长出羽毛。在有能力飞向大海之前，它们都不会离开自己的巢穴。

向于捕捉那些独来独往的小海雀。

　　虽然北极狐无法接近小海雀筑在岩石上的巢穴，但是这种诡计多端的捕食者想出了一个聪明的办法。它们会悄悄潜入小海雀的栖息地，藏在碎石堆中。用不了多久，前来捕食的矛隼和北极鸥会使小海雀受到惊吓而飞到空中。当它们回巢的时候，北极狐便会突然跳出来抓住其中一只。

户外生活

　　其他处于繁殖期的鸟类没有别的选择，只能把巢穴筑在空地上，它们大多是涉禽、大贼鸥和普通燕鸥。为了应对北极地区的捕食者，这些暴露在外的繁育者想出了两种截然不同的对策。大贼鸥和普通燕鸥通常采取进攻性战术保卫它们的巢穴。它们会不停地俯冲，攻击入侵者。凡是遭受过愤怒的大贼鸥攻击的动物都会知道那是一种怎样的可怕体验。即使北极熊也不敢招惹愤怒的普通燕鸥，它们那像利刃一样的喙会让入侵者付出血的代价。

其他在陆地上筑巢的动物则要尽力隐藏自己，避免引起捕食者的注意。雌性棉凫是名副其实的伪装大师。为了求爱和展示，雄性棉凫的羽毛色彩艳丽，而雌性棉凫翅膀的颜色则更接近苔原。只有在极少数情况下，它们才会离开自己的卵。这时，它们会用从胸脯上拔下的羽毛盖住这些卵。如果正在孵卵时北极狐来了，鸟妈妈绝不会冒着让卵受冻的危险飞走，而是会直挺挺地待在原地，屏住呼吸，尽可能地降低心率，最长可坚持 10 分钟之久。

在飞到北极产卵的鸟中，有三种灰瓣蹼鹬非常有名，因为它们有一种独特的喂食方法——在水面上旋转，然后用蹼拍打水面干扰并捕获猎物，再在相对安全的环境下喂食。它们出名的另一个原因是这种鸟翅膀的伪装与众不同。通常，雄鸟为了取悦雌鸟，战胜情敌，其羽毛的色彩比较鲜亮，而雌性多是灰褐色的，这样在巢穴边时不容易被发现。然而在灰瓣蹼鹬中，颜色更加鲜亮的则是雌鸟。因此，灰瓣蹼鹬的大部分孵化工作由雄鸟完成也就不奇怪了。

北极涉禽产的卵都要比正常的卵大，因为它们的雏鸟要在卵壳里度过大部分的成长期。因此，雏鸟几乎一孵出来就能立刻离开巢穴，从而缩短了它们被北极狐猎杀的时间。个头相对较小的灰瓣蹼鹬要产大个儿的卵，能量需求给了雌性灰瓣蹼鹬很大的压力。因此，精疲力竭的雌鸟会让雄鸟来照顾卵和雏鸟，而自己则先一步飞到南方去养精蓄锐，为来年春天继续产卵做好准备。

景色变化

春天到了，冰雪开始消融。北极陆地上所经历的变化要比海冰消失的速度更快，更富有戏剧性。这时，整个冬天都是白茫茫的苔原显露出

▶ **数量保证安全。**处于发育期的北极兔基本上已经换上了成年时雪白的毛。夏天，它们成群结队地在加拿大埃尔斯米尔岛的苔原上觅食。那么多耳朵和眼睛加在一起，更容易发现来自捕食者的威胁。

了绿色、棕色和灰色。从空中俯瞰，你会被季节性的美丽景色所震撼。冰霜挂满苔原，河流像水带一样缓缓流淌。许多北美驯鹿从南方跋涉而来，在这些夏季迁徙者的映衬下，整个地区的景色都生动了起来。

对于少数北极居民来说，冬天里用来保护自己的伪装在这时反而会成为它们的障碍。在仅有的陆地捕食者中，只有北极狐不辞辛劳地褪去白色外衣，而北极狼一年四季都是通体雪白。这种差异产生的最可能的原因是这两种捕食者的捕猎范围有所不同。北极狐的捕猎范围遍布北极各地，而北极狼只在离北极点更近的区域活动。在北方

妈妈的宝宝和饿狼的口粮。一只北极兔哺育了 11 只小兔子，但这群兔子里只有几只小兔子才可能是它的宝宝。它们聚集在一起不仅是为了哺乳，也是为了舒适。

纬度最高的栖息地，夏天非常短暂。冰雪融化、苔原显露的夏天只会持续短短几周的时间，北极狼实在没有必要大费周章地去改变自己的颜色。

北极兔是北极狼最喜欢的猎物，它们也懒得褪去冬天的保护色。初夏是北极兔的繁殖季节，白色的绒毛很容易使它们暴露在灰绿色的苔原上。北极兔比南方的同类要大许多。它们会直立起来观察敌情，一旦发现危险，它们就会用一种奇怪的姿势蹦蹦跳跳地逃走，像白色的小袋鼠一样。北极兔的行动非常敏捷，北极狼总是不得不追赶很长一段距离。

北极兔和北极狼在速度上旗鼓相当，但北极兔的灵活性要比北极狼更胜一筹。你只有从空中才能欣赏到北极兔在北极狼嘴边扭动和转弯的卓越能力。单独一只北极狼很难抓到成年的北极兔。可是北极狼很少单独出没，如果一群北极狼一起捕猎，总会有一只北极狼能从另一个方向冲出来截断北极兔的退路。

然而，北极兔还有最后一招。到了夏末时节，幸存的北极兔经常几十只、上百只聚集在一起。数量一增加，它们就会有更多的眼睛来观察敌情。这也为北极兔的安全提供了保障。

众生的最佳栖息地

许多雪雁一起筑巢是北极夏天最壮观的景象之一。北极地区到处都有大片的雪雁栖息地。从那里极目远望，你会发现四周有成百上千个白点，一直延伸到地平线那里。

对于生活在这里的北极狐来说，雪雁的回归是每年最大的盛宴。大大的卵和雏鸟是北极狐的美餐，可雪雁绝不会轻易交出自己的后代。家养的鹅通常可以看门，而它们的野生远亲更加凶猛。如果北极狐胆敢靠近雪雁的巢穴，它们就会猛地冲向北极狐，大声嘶吼，并且猛烈地扇动翅膀。

一只雪雁就可以吓跑一只北极狐，可是北极狐学会了成对出没。一只北极狐负责引开愤怒的雪雁，另一只乘虚而入，偷走雪雁的卵或者雏鸟。在最好的时节里，北极狐总能满载而归，它们会把多出的猎物藏起来供过冬食用。为了对抗北极狐，一些雪雁出乎意料地和北极地区的另一种鸟类捕食者——雪鸮结成了同盟。雪鸮最喜欢的食物是旅鼠——极北地区最小的哺乳动物。

人们曾在北纬 82 度的埃尔斯米尔岛上发现过旅鼠的踪迹，它们能

钻进雪下熬过最艰难的冬天。可能是受到了来自雪鸮捕食的压力，各个种类的旅鼠每年夏天都会改变自己的颜色，以便于伪装。光是一个季节，一对雪鸮就能为它们的幼鸟捉来大约 2500 只旅鼠作为食物（见第110 页）。

这些体形庞大、充满力量的捕食者会积极地保护它们的卵和雏鸟。一旦北极狐离它们的巢穴不足 400 米，它们就会猛冲下来驱赶北极狐。在这个安全区域内孵化的雪雁很少会受到北极狐的干扰。可是到了夏末，雪鸮就会开始收取"保护费"。小雪雁去附近的湖里觅食的时候很容易成为雪鸮的美餐。

▲ **抢了就跑。** 在位于北极圈内的弗兰格尔岛上，一只北极狐从无人照料的巢穴里抢了一枚卵。雪雁爸爸和妈妈发现后发动了攻击，但太迟了。北极狐将卵埋在了苔原里，那是它的冷藏库。它还要回去抢更多的卵，为艰难时期储备食物。

▶ **父母的守卫。** 警惕性很高的雪雁父母带着刚孵化出来的雏雁从巢穴里出来，到更高的苔原上寻找食物。大多数雏雁只要两周就能孵化出来，因此对北极狐来说，食物丰富的时期很短，能抓到的雏雁也很少。

发胖的季节

　　春天和初夏是一年之中北极捕食者最喜欢的时节。每到这个时候，北极熊的猎物——海豹就开始繁殖了。从 4 月到 5 月中旬，大多数北极熊可以在短短 6 周的时间内捕捉到它们一年之中 90% 的猎物。

　　春天，环海豹幼崽会藏在父母在冬天为它们挖好的洞穴中。可是夏天来临后，被冰雪覆盖的洞穴就会开始慢慢融化。随着时间的推移，环海豹幼崽渐渐暴露在冰面上，这大大提高了北极熊捕食的成功率。

　　4 月初，北极熊妈妈和刚出生的幼崽陆续从过冬的洞穴里出来了。

▲ 妈妈的美餐。 北极熊妈妈刚抓到一只环海豹，要到一块相对稳固的冰上享用它的美餐。这头北极熊非常瘦弱，可能是因为带着幼崽，它很难捕到猎物，而且现在冰雪正在融化。

妈妈们都饿坏了。自从去年11月初进入洞穴起（很多时候是从夏季快结束时开始），它们就再也没有吃过东西了。

北极熊妈妈不遗余力地猎食海豹，为自己补充能量，这样它们才有力气哺育自己的幼崽。与此同时，它们还要防范单身的雄性北极熊杀死自己的幼崽。雄性北极熊捕杀幼崽，一是为了进食，二是为了使雌性北极熊重新回到交配阶段。求偶期也恰恰是北极熊猎杀海豹的主要时期。

为了防范单身的雄性北极熊，带着幼崽的北极熊妈妈通常会在靠近岸边或者能够提供保护的海湾中的坚冰上活动。这意味着它们只能捕到环海豹，生活十分艰难。对于这些北极熊妈妈来说，春季捕猎还面临着一个巨大的困难，那就是幼崽不知道保持安静，只顾玩闹。你可以看到北极熊妈妈无奈地冲着淘气的幼崽发出呼噜呼噜的声音，警告它保持安静。

抓海豹的两种策略

每年此时，北极熊都会采取两种不同的捕食策略——伏击和追踪。它们更喜欢伏击，因为这种策略更省力。北极熊只需躺在环海豹洞穴通气孔的边上，耐心等待环海豹回家即可。等待时间通常不会超过一小时，偶尔也可能要在一个地方等好几小时。

有时，在第一次进攻之后，北极熊会在一段时间内一直保持低着头的姿势，后肢翘起，堵住洞口。这样可以减少射进洞内的光线，让环海豹以为洞口仍旧覆盖着积雪，吸引它们前来。

跟踪则是之后的事了。环海豹幼崽长大了，就可以和成年环海豹一起到冰面上休息。北极熊必须在成年环海豹和幼崽意识到危险、通过通气孔逃回海里之前靠近它们。

北极熊必须逆着风向，小心翼翼地慢慢接近猎物。环海豹幼崽的视力并不好，可是它们对于冰面上轻微的震动十分敏感。北极熊必须在发动突袭前靠近猎物到20米以内。这种技巧性策略需要多加练习才能掌握。

不顾一切

北极熊是来者不拒，它们既自行捕猎，也捡食其他捕食者的残羹冷炙。夏天，在地上筑巢的鸟很容易成为它们的美餐。有人发现，一些北极熊可以在一座孤岛上花好几天时间慢慢扫荡筑巢的绒鸭，吃它们的卵和雏鸟，甚至翻转岩石，突袭小海雀的巢穴。一些饿急了的北极熊则会登上陡峭的崖壁去找海鸽的巢穴。攀岩对于北极熊这种体形庞大的动物来说实在太难了，这可不是它们的长项。曾有人看到北极熊从几百米高的悬崖上跌落下来，掉进海里。

有趣的是，从来没有人见到北极熊袭击雪雁的栖息地。几千只鸟聚在一起，那些雏鸟和因为脱毛而无法飞行的成年雪雁都足够北极熊大吃一顿了，但问题在于即使是飞不起来的雪雁，它们移动的速度对于北极熊来说也太快了。北极熊抓雪雁时所消耗的能量要比它们从雪雁身上获取的能量多得多。

▲ **冒险攀岩**。在斯瓦尔巴群岛上，一头雄性北极熊铤而走险，穿过一处岩石脱落的悬崖，从300多米高的地方掉进了海里。这头北极熊之所以做出如此冒险的行为，主要是因为海冰逐渐减少，它很难追踪到海豹。

▶ **偷吃捡漏**。对于这头雄性北极熊来说，偷鸟卵和抓雏鸟也是不得已而为之。通常一头北极熊会花好几天时间在悬崖边转悠，寻找食物，填饱自己的肚子。北极鸥则会跟在它的后面，捡些剩下的食物吃。

1

2

3

4

▲ **追不追？** 一只北极狼在思考去抓这只北极兔到底值不值得。尽管北极兔的速度非常快，但它们的耐力不如北极狼。在加拿大的埃尔斯米尔岛上，北极兔是北极狼最主要的猎物。

◀ **符合要求。** 在狼穴附近，一只怀孕的北极狼好奇地从摄像师身边经过。在埃尔斯米尔岛上，几乎没有人类，也没有人类的猎杀行为，因此所有动物都不怕人类。北极狼是狼的一个亚种，但是个头要比同类的个头小一点，耳朵小一些，吻部也要更短一些，这样有助于它们保存热量。

北极狼想吃大块头

　　北极狼的个头通常比生活在南方的狼的个头要小一些。小耳朵和短吻部可以帮助它们减少热量散失。北极地区的猎物十分瘦弱，所以这一纬度上的狼群很少超过 6 只。初春，幼崽刚刚出生，狼群里都是狼爸爸和狼妈妈。这些北极狼不会离开巢穴很远，巢穴往往筑在巨石下方或者山腰里，它们每年都会回到那里。一旦幼崽断奶，狼爸爸和狼妈妈就从附近的地方给它们带北极兔和旅鼠回来。等到它们再长大一些，能够离开巢穴的时候，它们会组成一个族群。

　　随着夏天的到来，北极兔及其幼崽已经无法满足北极狼幼崽成长的需要了。北极狼开始寻找更大的猎物。据我们所知，北极狼为了寻找食物，可以跋涉 1000 千米。它们最大的猎物是麝牛，这些大型动物可以抵御北极的严寒。冬天，旅鼠藏进积雪下温暖的地洞里，北极狼也躲回到巢穴中，而麝牛能凭借巨大的体形和厚实的皮毛来保暖，顶着北极的暴风雪生活。整个冬天，麝牛都会在风雪中穿行，寻找青苔。那些绿色斑点成了冰天雪地中为数不多的食物来源，雷鸟会飞来吃掉剩下的青苔和被麝牛掘起的根须。

对于一大群北极狼来说，制服一头成年的麝牛并不容易，所以它们更愿意去捕捉牛犊。它们的捕食策略是通过惊吓牛群，使其四处逃窜，落下牛犊。任何一头掉队的麝牛都会成为被攻击的目标，可是战斗往往不会很快结束，其他麝牛会转过头来冲向狼群，尽管一群狼的数量多达三四十只。它们会面朝狼群将牛犊环绕起来，组成一个牢不可破的环形堡垒。只有让一头惊慌的牛犊与大部队分开，北极狼才有成功的可能。

▶ **长距离追捕。**在埃尔斯米尔岛上，一群北极狼正在追逐一头成年的雄性麝牛。相比之下，牛犊更容易被捕捉。这场追逐的马拉松持续了一个多小时。最后，麝牛筋疲力尽，被逼到角落，死在了狼群之中。这并不是我们预想的结局。

▼ **冤家路窄。**麝牛在狼穴边聚拢，似乎坚信这里的北极狼正忙着专心抚养幼崽，无暇他顾。

水中追捕

到了 5 月底 6 月初，北极地区的海冰开始融化。大部分环海豹的幼崽都已经断奶了，躲到了海水中。北极熊的日子过得愈发艰难，它们不得不采取新的捕猎方式。其他海豹则在浮冰上休息。

由于猎场上的冰雪融化，北极熊除了游泳之外，别无他法。北极熊又被称为海熊，这可不是浪得虚名。北极熊最远曾游到距离岸边 160 千米的地方。长长的脖子使北极熊的头部能位于水面以上。北极熊的脚掌是所有熊类中最大的，巨大的脚掌为它们的游泳提供了强大的动力。可要想接近谨慎多疑、在外活动的海豹，北极熊还需要特殊的追踪技巧。

夏初，海冰上会出现越来越多的洞，星罗棋布，北极熊学会了利用这些洞来隐匿行踪。跟踪出行的海豹一旦到了大约相距 100 米的距离，北极熊就知道自己很快会被发现。因此，它们会躲进冰洞里，从水

安静的捕食者。一头北极熊在浮冰之间游动，寻找海豹。一旦有所发现，它就会低伏在水中接近猎物，仅让鼻子露出水面。

下游到海豹附近。但是进入水下后，北极熊容易迷失方向。接下来，游戏就开始了。北极熊一次又一次从水下冒出头来，监视它们的猎物。北极熊所选的方向常常不对，它们经常从离猎物很远的水下冒出头来。

夏末，冰雪还在继续消融，海冰不再是布满孔洞的大块，而是变成了移动着的碎块。这时，水上追踪技巧就要派上用场了。首先，北极熊要确定海豹从冰上几乎看不到自己。然后，它们在水中慢慢地游着，把鼻子露出水面呼吸。一旦发现了海豹（一般是髯海豹），它们就会藏在浮冰后面，接近海豹。

有时，海冰在融化过程中会在冰面上留下一些凹坑。北极熊会尽可能放低身体，利用这些有水的隧道爬到更接近海豹的地方。当与海豹之间只剩下一块浮冰的距离时，北极熊会游到海豹下方，然后突然破冰而出，抓住海豹。

小心北极熊

夏天，成年的雄性北极熊数量是雌性北极熊的两倍多，它们将目标锁定在髯海豹身上。这样做是值得的，因为它们在这段时间内抓到的髯海豹明显要比环海豹多得多。有些北极熊甚至只抓髯海豹，并不断完善它们在水中的跟踪技术。跟踪成年海豹的技巧需要不断练习和提升，比如如何通过两块浮冰之间的缝隙，如何在冰下游动而不产生涟漪。

髯海豹对于它们最主要的捕食者——北极熊一直都保持着高度警惕。它们甚至会睡在浮冰的边缘，脸朝下对着水，倾听细微的声响，随时准备逃离。海豹幼崽出生在靠近水面的浮冰上，很可能怕受到来自北极熊的威胁，所以它们出生后很快就会游泳，用不了多久就会成为潜水专家。

▲ **小心身后。**北极熊（左）正在悄悄接近它的猎物，这是需要反复练习才能掌握的跟踪技术。虽然髯海豹察觉到了危险，但是它没能发现危险的来源。

▶ **祸福相依。**北极熊猛然冲出水面，来到冰面上。虽然它的速度不够快，髯海豹逃脱了，但它灵活地跟在髯海豹身后跳入水中，最终抓住了髯海豹。

1

2

3

4

5

6

◀ **飞向大海。** 一只三周大的小海鸽从悬崖上跳下，滑向海里。这只幼鸟还没有发育成熟，也没有学会飞翔，因此海鸽爸爸陪着它，帮它调整尾巴，远离下面的岩石。它们会和许多带着幼鸟的成年同类一起飞向大海。父母要一直在水上照顾后代，直到它们完全独立。

▶ **海鸥掠食。** 一只黑背鸥刚落地几分钟就抓住了一只小海鸽。同一栖息地里的大多数幼鸟会集中在几天之内完成跳海试飞。这使得在海边掠食的海鸥和北极狐在短时间内即可获得大量食物。

当幼鸟大量出生的时候

7月，飞到北极的鸟又要向南方迁徙了，为它们提供食物的大海会再次结冰。夏日长昼即将结束，北极又将重回黑暗之中。

在陆地上筑巢的鸟都在小岛上或海边产卵。这样一来，它们即使出生后还不会飞，也能在最短的时间内回到海上。而像绒鸭这样的鸟类的幼鸟则会在海上聚集在一起，防范前来掠食的海鸥。

选择把巢穴筑在崖壁上的鸟则面临更大的挑战。它们的幼鸟别无选择，只能冒险从崖壁上的巢穴中跳下来。它们还不会飞，因此只能从崖壁上跳下来。它们中的大部分可以活下来，但是又面临着落入北极狐之口的风险。北极狐非常清楚，这是它们捕食的黄金时期。它们整天守在那里，等待幼鸟落下。在此期间，大部分北极狐收获颇丰，能存够过冬的食物。

海鸽想出了一个非常聪明的办法来减少它们的损失，所有的幼鸟都会集中在两周之内长出羽毛。然后，这些幼鸟如雨点般从空中落下，试图安全地滑向海里。父母会陪它们一起飞下，拉着它们的尾巴，帮助它们调整下落的方位。不幸的是，不是所有筑巢的崖壁都邻近大海，许多幼鸟坠落到苔原和海滩上。之后，它们便不得不经受海鸥和北极

狐的考验，挣扎着走向大海。

　　成年海鸽通常会守在幼鸟身边，使其不受海鸥的威胁，可是当遇到一只饥饿的北极狐时，它们也无计可施，甚至成年海鸽也可能一同沦为北极狐的食物。由于同时跳崖试飞的幼鸟太多，狐狸在太多的选择面前往往难以抉择，因此大多数幼鸟可以成功到达海上。一旦到达海上，它们就可以慢慢向南游去。几周后，它们最终学会了飞行。

最后的机会

　　秋天到了，夏天飞来的大部分鸟开始向南飞去，只剩下大约10种动物。北极地区所有的捕食者必须为荒凉的冬天做好准备。

▼ 警惕无比，在细小的碎石的海滩上，一头年轻的北极熊正紧紧地盯着一群体形巨大的海象。它唯一的机会就是惊吓它们，然后趁乱下手，浑水摸鱼，抓到一只小海象。但这是一次非常危险的行动，因为成年海象会守护它们的幼崽，并且这些海象也有足够的能力杀死一头北极熊。

北极熊的生活也变得艰难起来。即使那些吃了足够多的海豹储备好脂肪准备过冬的北极熊也很难熬，没有经验的小北极熊就更难了。海冰已经完全融化，所有的海豹都回到了海里。夏天快结束的时候，北极熊还有最后一次捕食的机会。

海象喜欢在大块的浮冰上活动，可是夏末所有的浮冰都融化了，它们不得不成群结队地来到海滩上，可能有数百只之多。即使体形巨大的北极熊也无法战胜一只有着厚实的皮毛和致命獠牙的成年海象。捕捉海象幼崽比较容易得手，但北极熊需要想办法将它和海象群分开。

一种方法是向着海象群冲去，造成恐慌，这样会使海象惊慌失措地跑向海里，有时会撞倒一只海象幼崽，或者把它落下。想从成年海象手中抢走海象幼崽可不是一件容易的事，北极熊也可能死在接下来的战斗之中。

萧索清秋

北极地区的秋天不像春天那么充满戏剧色彩、激动人心，而是给人一种萧索凄凉的感觉。风变得冷了，风暴也时常光顾，最终太阳降到了地平线以下，甚至连海洋结冰都不像融化那么有趣。整个海平面静静地泛着油光，慢慢变淡，大冰块开始逐渐形成。最后，在风的作用下，它们聚到一起，形成稳固的冰层。

北极熊焦急地等待着冰层冻结实，以支撑它们的体重。整个夏天，它们展示的是自己对环境的非凡适应能力。其他大型生物一年四季总是采用相同的捕猎方式，而北极熊与它们不同。北极熊每个月的捕食方式都不同，每一次捕猎的难度都比上一次更大。幸运的是，冬天就要到了，对于冰上之王来说，生活即将变得稍微容易一些。

第 6 章

海洋——海中求生

海洋占地球表面积的 70% 以上，大部分海域都是生命的荒漠，而有生命存在的地方则因季节和洋流的改变而变幻莫测。能在这里生存下来的捕食者都是最顶尖、最专业的猎手，它们以最少的能量消耗穿行最远的距离去寻找食物。对于它们的猎物来说，在这个没有高墙阻隔的世界里，根本无处藏身。有些猎物成群结队地蜷缩在浅滩里，以求多一分安全。还有一些猎物的身体是透明的，或者利用光的反射原理消失在蓝色的海洋里。深海区域则更加辽阔，占地球上生存空间的 80% 以上。越深的地方食物越少，因此捕食者和猎物之间的角逐也更加激烈。

▶ **群体移动。** 沙丁鱼总是成群活动，依靠庞大的数量应对来自海底与天空的捕食者的侵袭。

◀◀（第 198~199 页）**配合。** 军舰鸟掠过水面，截获被水下捕食者追捕至此的鱼类，但它们不能在海面上降落。

漂流高手和游泳健将

在广阔的大洋中，唯一的能量来自浮游植物捕获的阳光。这些微小的植物占到了地球生命的一半，制造了大气中一半以上的氧气。阳光无法照射到海洋深处，因此大多数海洋捕食者生活在距水面 30 米以内的区域。它们不断寻找浮游植物丰富的水域。阳光和营养物质的神奇组合可以使浮游植物蓬勃生长。光照强度随着地区和季节的不同而有所不同，而大多数来自海洋深处的营养物质只有在极端天气或上升洋流的影响下才会被带到海面上。这就意味着在大多数情况下，浮游植物的生长和蔓延是短暂且不可预测的。因此，捕食者必须不断追寻。

四处漂泊的生活通常有两种方式——浮游和自游。浮游生物总是随波逐流，跟着风向或洋流的方向流浪。这些流浪者大小不一，小者如硅藻，大者如水母，甚至还有重达 2000 千克、长达 3 米的太阳鱼，这是最大的硬骨鱼。而自游生物则相反，它们泅水前行。自游生物的数量远远少于浮游生物的数量，其中包括各种鱼类、乌贼、海龟、海蛇和企鹅等，当然还包括巨鲸等海洋哺乳动物。

◀ **鲸吞无双。**张开足以吞下大巴车的巨口，蓝鲸冲向了一群磷虾。它吞下大量海水，其中的磷虾被它的嘴巴下面像毛发一样垂着的鲸须过滤出来。

没有围墙的世界

　　我们很难想象一只小狮子会成为许多捕食者的美餐，可是在海洋里大部分捕食者在生命之初处于食物链的最底端。平鳍旗鱼和金枪鱼的幼鱼只有几毫米长，尽管它们已经是捕食桡足动物和更小的浮游生物的大饕了，但仍要小心防范其他捕食者，避免成为其他生物的美餐。对于生活在海洋中的浮游生物来说，最大的生存挑战是学会在没有洞穴和珊瑚礁的地方藏身。在这个没有围墙的世界里，尽可能不引起别的动物的注意才是高明的生存策略。所以，几乎所有浮游生物都是透明的。

　　翼足螺的足已经适应海洋生活，变成了两只透明的"翅膀"，它们看起来就像海洋里的小天使一样。幼形海鞘在装有黏液的透明被囊中漂浮，被囊一端敞开，随海水流入的浮游植物就会被黏液过滤出来。一旦滤嘴堵塞，幼形海鞘就会将旧的被囊遗弃，然后生成一个新的。此外，高度透明的水母是最高效的捕食者之一，比如发形霞水母。它们不停搏动的泳钟上有很多刺细胞，可以麻痹并吞下猎物。

　　栉水母是这些透明的漫游者中最美丽的。在潜水手电筒的灯光下，

▲（左图）七彩掠食者。一只大约 10 厘米长的栉水母被一排排纤毛推着前进，散发出七彩光芒。在水中游动的时候，它可以吞下更小的浮游生物。

（中图）海中蜗牛。翼足螺又称海蝴蝶，它们常携卵而行。它们的行动非常缓慢，展开的壳是透明的，只有大约 10 毫米宽，身上有 3 个棘状突起。海蝴蝶的侧足已经演化成了可以游泳的翼足瓣，它们以此前行。它们用粘网来捕获食物。

（右图）海上蓝宝石。这只桡足动物有两个卵囊，是众多虾状桡足动物中的一种。这些桡足动物占海洋浮游生物总量的 60% 以上，同时也是许多捕食者钟爱的美味。

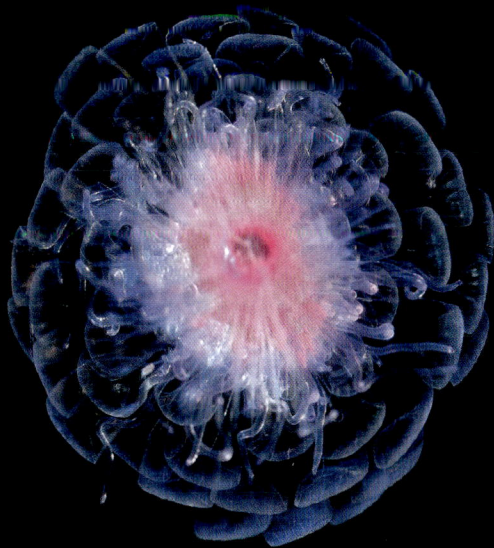

▲ **社会型食肉水母。** 这些都是管水母，每只管水母都是由多个独立个体组成的生物群落与捕食单元。这些管水母和它们的近亲葡萄牙军舰水母一样，也用带刺的触手捕捉猎物。

（左图）草裙水母。 它的浮囊和泳钟长达12厘米。浮囊底部有一个产生气体的小孔，可以控制浮力。

（中图）玫瑰水母。 这种管水母没有伞部，但有很多翼瓣，每一个翼瓣都具有游动、进食和繁殖功能。

（右图）丝根水母。 这是一只大约10厘米长的水母。在捕鱼的时候，它的触手可以伸到接近1米的长度。

它们体表成排的纤毛（像毛发一样的结构）展开，就像色彩斑斓的烟花。栉水母有一系列捕猎技巧。个头较小的侧腕水母用两张长长的粘网来捕获桡足动物；而个头较大的瓜水母看起来更像扁平的宇宙飞船，它们捕食包括其他栉水母在内的更大的猎物。

管水母是所有以浮游生物为食的凝胶状捕食者中最长的，其中有一些管水母是超有机体。它们长达数米，由4个不同功能的水螅体构成。僧帽水母又称葡萄牙军舰水母，有一大块水螅体演化成了充气浮囊体，可以用来捕捉风，为其前进提供动力。它们的身体（包含两块不同的水螅体）下方有数米长的触手（这是另一种水螅体），触手上遍布刺细胞，形成了一堵透明的死亡之墙。

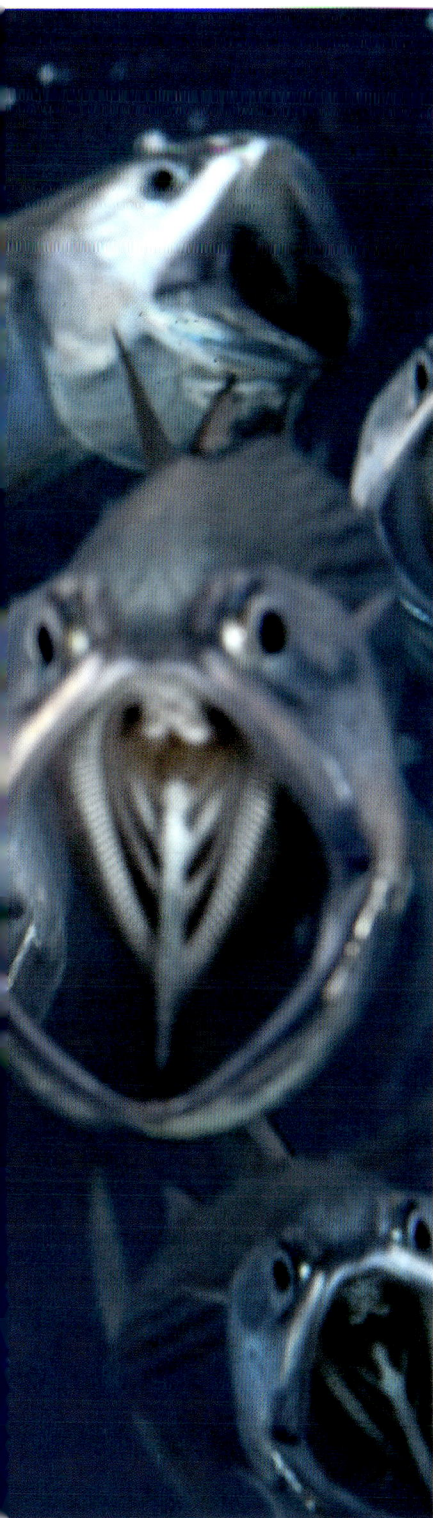

光下藏身

实际上，几乎所有靠自身推动前进的自游生物都是食肉动物，包括鲱鱼、沙丁鱼和凤尾鱼等以浮游生物为食的鱼，它们往往成千上万条聚集在一起。

鲸鲨长达14米，是海洋里最大的鱼。它们也只吃浮游生物。须鲸是利用鲸须过滤海水的巨鲸，主要以浮游生物为食。但是，大多数自游生物位于最经典的食物链（大鱼吃小鱼）中，其中包括金枪鱼、长嘴鱼、鲨鱼，以及体形巨大、以自游生物为食的抹香鲸。

这些捕食者在游动时需要用到肌肉，这就意味着它们无法变成透明的。然而，它们中的许多采取了隐身的方法。从上面看，它们是深蓝色的，而从下面看，它们则是银白色的，好像从海面上投射下来的光线。许多鱼还有能反射光线的银边，有助于它们在蓝色的海洋里隐身。鲭鱼甚至改进了这一方法，它们身上的条纹有一种打破身体形状的视觉效果，能够迷惑捕食者。

自游生物中的大多数捕食者有一双明察秋毫的大眼睛，可是即使在最清澈的热带海洋中，能见度也非常低。水传递震动的效果非常好，大多数鱼有可以感受到周围轻微震动和水压变化的侧线。侧线还能在捕食者来袭时保护大型鱼群。就像涉禽受到游隼攻击时的反应一样，大型沙丁鱼群遇袭时也会聚拢成团，侧线对于它们同步动作也许有帮助。

鲨鱼和鳐鱼则有另一套感官系统，具有感知触觉、盐度和磁场等功能，还能感知肌肉运动产生的电信号以及指示猎物方位的水温变化。双髻鲨的锤形头部两侧各有一个感官，可以探测到海床上微弱的磁场，帮助它们沿着磁场前进。

◀ **透明鱼群。** 羽鳃鲉几乎完全透明，以滤食海水表层的浮游生物为生。可以反光的银色鳞片和两侧的条纹模糊了它们的身体轮廓。几千条羽鳃鲉聚集在一起，以群体数量来保证安全。

远距离，低消耗

　　海洋中的顶级捕食者要做好长途捕猎的准备。一条带有卫星跟踪标签的金枪鱼仅用 119 天就横跨大西洋，平均每天游 65 千米。金枪鱼、旗鱼和鲨鱼有时一连几天都不进食，因此它们演化出了能尽量减小水中阻力的鱼雷状体形，以减少能量消耗。这些鱼大多没有鳞片，眼睛外有透明的眼皮，坚硬、狭窄的鱼鳍藏在身体两侧的细槽里。长途旅行需要充足的动力，这些捕食者通常都长有一条又大又薄的后掠式鱼尾，可以用最小的力气产生最大的推力。它们的肌肉富含肌红蛋白，可以储存更多的氧气。

　　为了使肌肉保持温暖，这些鱼演化出了一种逆流热交换系统：冰冷的静脉血平行于温暖的动脉血流动，这样静脉血在回到心脏的过程中就被预热了。蓝鳍金枪鱼的这套系统尤为高效，可以使蓝鳍金枪鱼在水温低至 7 摄氏度的环境中保持 25 摄氏度的体温。因此，蓝鳍金枪鱼可以远离其他金枪鱼生活的热带水域，到食物更加丰富的冷水中捕食。剑鱼的眼周有可以供暖的肌肉，能使那里的体温比周围的水温高 4 摄氏度。视网膜在温暖的环境下处理信息的速度更快，因此剑鱼的反应很快，而且视力在光线微弱的数百米深的水下很敏锐。剑鱼就喜欢在这样的环境中捕食。

遇快则快

　　海洋里的顶级捕食者需要的不只是耐力。当它们找到自己的猎物时，还要变身为短跑健将。它们要突然提速，一击制敌。众所周知，想要记录鱼的最快速度是一件非常困难的事情。最可靠的观测结果显示，黄鳍金枪鱼的速度最快可达 75 千米 / 时；马鲛是一种体形呈鱼雷状的金枪鱼，它的最高速度可达 77 千米 / 时；速度最快的海上捕食者——旗鱼的最高速度可达 108 千米 / 时。旗鱼往往都是独行侠，可以 48 千米 / 时以上的速度游弋。与平鳍鱼、剑鱼以及其他长吻鱼一样，旗鱼的吻又尖又长，肌肉发达，身体呈流线型。

　　旗鱼为了捕食小鱼也会开展团队合作，它们会通过快速开合背上的巨鳍惊吓小鱼，让它们聚拢成密集的一团。一旦发现目标，旗鱼就会调整攻击方式，以免伤到同类。它们一个接一个地疾速冲向惊恐的鱼群。急速转弯时，条纹四鳍旗鱼身上可以发出磷光的条纹会发射紫外光。这样一来，它们不仅能避免同类相撞，还可以迷惑猎物（因为

▲ **一条也不放过。** 条纹四鳍旗鱼组成战队来围捕太平洋沙丁鱼。它们要依靠一次捕猎的收获来补充在快速攻击中所消耗的能量。当它们全力以赴展开攻击时，侧纹发出的紫外光足以迷惑那些惊慌失措的小鱼，同时还可能起到警示同类、避免"撞车"的作用。

许多鱼的眼睛都对紫外光非常敏感）。它们在鱼群里横冲直撞，趁机吞下晕头转向的小鱼。

单兵作战与群体协作

　　单兵作战，一旦成功就能独享成果。可是在广阔无垠的海洋中，像金枪鱼一样共同搜索，捕食者能够更快地找到猎物。合作可以使胜

利来得更快一些。最典型的社会型捕食者要数海豚，它们有一种先进的猎物探测器——高分辨率的声呐回声定位系统。一群海豚可能有几百只，甚至上千只。它们跳出水面观察远处的猎物，并通过频繁的沟通来调整捕猎计划。

　　每到夜里，生活在夏威夷群岛附近的飞旋原海豚就会离开它们位于近岸浅水区、远离鲨鱼的栖息地，去深海里捕食。它们最喜欢的猎物是虾、乌贼和鮟鱇（俗称灯笼鱼）。这些猎物一般生活在深海中，夜幕降临后才会向上层水域进发。觅食的海豚一般成对出没，大约 20 只组成一队，上百只结成一群。利用回声定位，一群海豚可以组成一支长达 1 千米的队伍对某一海域进行地毯式搜索。它们调整队形围成一圈，把猎物赶到一起。一旦猎物足够密集，包围圈上的海豚就会按顺序轮流成双上前进食。在此期间，它们会一直保持交流，保证所有的同伴都能分享战果。

　　这些海豚的盛宴吸引了许多其他捕食者，比如金枪鱼和旗鱼。没错，金枪鱼会偷袭海豚。另外，一旦海豚把鱼群赶到水面附近，鹈鹕和海鸥等海鸟就会潜入水中分一杯羹。在由海豚带来的盛宴上，各路人马大显神通，这也可以算是自然界中最令人惊叹的捕食奇观之一了。

◀ **编队搜寻。** 一天傍晚，若干飞旋原海豚小队聚集在一起，大概有几百只，前往远离海岸的水域捕食。它们的目标是虾、乌贼和鮟鱇，这些猎物生活在深海中，到了夜里才会到上层水域觅食。

▶ **（上图）旅行模式。** 飞旋原海豚像企鹅一样，通过跃水（一种跃出与潜行交替进行的行进方式）来减小水的阻力，提高前进的速度。它们经常排成一队，用超声波进行搜索。

▶ **（下图）同步前进。** 飞旋原海豚流线型的体形是专为速度而生的。它们之间一直通过鸣叫、回声定位和视觉提示保持联系并协调行动。

▲ **个头最大的是赢家。** 大口一张，一头布氏鲸就能几乎吞掉整个沙丁鱼群。

◀◀（第212~213页）**饕餮盛宴。** 海狮准备攻击一群沙丁鱼。令人惊讶的是，海狮没能吃到大部分猎物。银色的沙丁鱼群形成了一道有效的防线。只有当金枪鱼从下面攻击、海鸥从上面攻击的时候，沙丁鱼才会形成球状鱼群，这样更有利于海狮进攻。

◀ **天罗地网。** 海鸥从上空加入了海狮对沙丁鱼群的攻击，金枪鱼也从下面展开了攻势，把鱼群逼到了水面。

结群保身

不仅捕食者知道团队合作的价值，许多猎物也看到了数量带来的优势。海里一半的鱼类会在幼年时期有规律地结群组队，1/4 的鱼类终生都会延续这种行为。其中，鲱鱼群的规模最大，可能是最大的单一物种动物集群。在北大西洋中，一个鲱鱼群中的鲱鱼数量可能超过 30 亿条。

对于猎物来说，聚集在一起能带来诸多好处。首先，即使最小的鱼也是捕食者，当许多双眼睛聚集在一起时，它们的觅食能力会显著提高，同时能更快地发现靠近的捕食者。当鱼群遭到攻击的时候，协同行动可以迷惑捕食者，而且鱼群紧密地挤在一起，可以形成牢不可破的银色鱼墙。对于鱼群中的任何个体来说，绝对的数量优势可以降低被吃掉的风险。

海上空军

波涛之上，某些天赋异禀的鸟类会掠过海面搜索食物。在南大洋上一连航行几百千米，你可能什么都看不到。突然，一只漂泊信天翁不知道从哪儿冒出来落到你的船上。即便在波涛汹涌的广阔海洋上，这种白色大鸟的个头也令人惊讶。漂泊信天翁和皇信天翁的翅膀是鸟类中最长的，翼展能达到 3.5 米。但最令人惊讶的是它们可以跟随你飞行很长时间，却不用扇动一下它们那双巨大的翅膀。

虽然信天翁的翅膀很长，但是很窄——长度是宽度的 15 倍之多。因此，它们常采用两种节省能量的飞行方式——动力滑翔和倾斜滑翔。动力滑翔依靠的是波浪会降低海面上空的风速这一事实。首先，信天

▲ **助跑升空。** 黑眉信天翁吃完靠近海面的磷虾后准备起飞。它们的翅膀非常长，因此在起飞时要费些功夫，需要滑行很长一段距离才能使翅膀下方有充足的空气让身体升起来。

翁飞进风里，通过调整双翅的角度一路攀升，直到达到失速状态。然后它们就会调整方向，在从身后吹来的风的帮助下一路下降，顺风加速。利用这种方法，信天翁可以在不扇动翅膀的情况下飞行数千千米。

倾斜滑翔更加直接。横贯南大洋的滔天巨浪上方有能帮助信天翁攀升的上升气流。又长又窄的翅膀非常适合滑翔。信天翁每下降 1 米，就能前进 22 米。它们的速度可达到 127 千米 / 时，并且可以在几乎不扇动翅膀的情况下保持这样的速度飞行 8 小时以上。为了节省能量，信天翁有一块肌腱专门负责固定展开的双翅。

南大洋是地球上环境最恶劣的地区之一，波涛汹涌的海水将大量的营养物质带到了海面，因此某些水域的物产特别丰富。可是谁也无法预测这些物产丰富区域的具体位置，因此信天翁不得不比绝大多数海鸟更加努力，飞行很长距离来寻找猎物。卫星追踪的结果令人震惊。一只灰头信天翁离开它在南大西洋中的南乔治亚岛附近的栖息地，环绕南极大陆连续飞行了 46 天。一只在克罗泽群岛上筑巢的雄性漂泊信天翁为了给它正在孵卵的伴侣寻找食物，飞行了 10000 千米，往返仅用 14 天。研究者还监测了这只漂泊信天翁在这次史诗般的飞行中所消耗的能量。他们发现，与一动不动在巢里孵卵的伴侣相比，这只信天翁消耗的能量仅相当于前者的两倍。看来，信天翁可以借助南大洋上无尽的海风节省 80%~90% 的能量。

信天翁都有一种管状鼻孔，可以闻到一种（对于鸟类来说）特别的气味。人们认为，在物产丰富的上升水流里，磷虾等浮游生物会散发出一种气味，信天翁在很远的地方就能闻到。长长的翅膀使信天翁无法深潜入水，但敏锐的嗅觉可以帮助它们找到浮在水面上的食物。一旦落到水面上，长翼的另一个缺点就暴露出来了，那就是起飞时需要消耗很多能量。但总体来讲，漂泊信天翁在搜索猎物时消耗的能量只是休息时消耗的能量的两倍。而相比之下，鸬鹚令人惊叹的潜水技巧则需要消耗其在巢中休息所消耗的能量的 6 倍之多。

信天翁善于御风，但同时也受风所御。在少数风平浪静的日子里，它们只能安静地待在海上。它们依赖强风。在 19 种信天翁中，除了 4 种以外，其余的都生活在南纬 40 多度到 50 多度波涛汹涌的大海上。波纹信天翁是唯一生活在热带地区的信天翁，它们在加拉帕戈斯群岛上繁衍后代。这种信天翁和其他 3 种生活在更靠北的地区的信天翁对风的依赖相对较小，因为它们生活的地方有稳定的食物来源，它们不需要飞到很远的地方去觅食。

▶ **海上漫游者。**一只漂泊信天翁利用南大西洋上的升气流，摇摇晃晃地乘风练习滑翔，不停地在水面上寻找鱼、乌贼和水母。漂泊信天翁的觅食之旅可能长达数千千米，持续时间超过一个月。此外，信天翁也会吃其他鸟类吃剩的食物以及轮船上丢下的厨余垃圾。

海盗鸟和飞鱼

由于天气恶劣且上升气流多，清澈蔚蓝的热带海洋不像纬度较高的海洋那样物产丰富。热带捕食者的猎物十分有限，在海里还很分散。然而，有一种鸟比其他捕食者更能接受挑战。军舰鸟是海上的一道黑色剪影，它们的翅膀非常长，极具威力。它们的翼负荷比（即翅膀面积与体重之比）是所有鸟中最大的，它们为了减轻体重无所不用其极，甚至放弃了一种其他海鸟都需要用来防水的特殊油脂。

信风在温暖的热带海洋上产生对流时，会形成微弱的上升气流。军舰鸟只有非常轻才能利用这种气流减少能量消耗。因此，它们只能在赤道两侧的信风带生活。与信天翁相同，军舰鸟的肱骨能使翅膀长时间张开，并且不需要消耗太多能量。军舰鸟需要搭乘上升气流连续飞行很长距离，因为平均来讲，它们要飞行 105 千米才有一次成功进食的机会。

军舰鸟会追踪气流中某些和海水温度与洋流相关的信息。这些信息能指引军舰鸟来到洋流交汇处，那里的浮游植物丰富，猎物密集。军舰鸟和其他捕食者（比如金枪鱼、海豚和剑鱼）之间有着非常密切的联系。由于在高空飞行时视野很好，它们可以发现海面上其他捕食者捕食时的一举一动。但是军舰鸟与其他海鸟不同，它们没有防水油脂，因此不能冒险在海面上停留。它们会抢夺其他捕食者的猎物。军舰鸟是海洋上的战斗机，比其他海鸟飞得都快，它们会迫使这些鸟交出它们的战利品。

军舰鸟还有可能以飞鱼为食。凭借 1 秒内可以连续拍打 70 次的强壮鱼尾，飞鱼能飞出水面，躲避海里的捕食者。飞鱼有两个长长的胸鳍，像鸟类的翅膀一样；尾巴附近还有两个较小的尾鳍，如同双翼飞机一般。当重力将它们拖回水面时，拖在海里的长尾巴会为它们提供动力。飞鱼可以连续使用这种方法十几次，在几秒之内就可以前进几十米。但是，有少数不幸的家伙会在飞起的过程中被军舰鸟匆匆吞下。

深入黑暗

只要有动物敢离开有阳光照射的温暖的上层水域，潜入深海捕食，它们马上就会面临巨大的挑战。上层水域中只有 20% 的能量能到达海面以下 30 米的地方。哪怕是在热带水域，阳光也很少能到达水下 150 米处。在这个深度，光合作用无法进行。越往下，氧气浓度越低。在海面以下 500 米的地方，上层海水中浮游植物制造的氧气已经被其他动物消耗殆尽。这里是大部分捕食者无法跨越的一条分界线。同时，温度也急速下降，在海面以下 1000 米的地方通常只有 2 摄氏度。对于所有生物来说最严峻的挑战在于每下潜 10 米，压强就会增加 1 标准大气压（101.325 千帕）。因此，500 米深的水下压强就已经是海水表面大气压的 50 倍了。对于人类来说，深海探索比太空旅行更加困难。因此，至今仍有许多深海区域未经人类探索。

然而，仍有少数无畏的捕食者会冒险到深海捕食。大青鲨是一种冷水鲨，它们可以在温度低至 7 摄氏度的环境中生存。然而，即使它们可以下潜到 1250 米深的水中寻找乌贼，也只能停留非常短暂的时间，之后便不得不回到海水上层取暖。

旗鱼是最擅长潜水的长嘴鱼。它们的眼睛大而敏锐，每只眼睛后面都有一块专门负责供暖的肌肉，保证它们能在深海中正常生活。大多数海龟生活在上层水域，可是棱皮龟可以潜到 1300 米的深处寻找水母。与其他海龟不同，棱皮龟的外壳十分坚韧，在高压之下也不会破碎。

论起能破纪录的潜水捕食者，则非象海豹莫属。它们可以下潜到水下 1500 米，并在那里待上两小时。象海豹厚厚的脂肪可以帮助其保暖。虽然它们的肺在水下 40 米的地方就停止工作了，但它们体内富含富氧血。象海豹能把心率降低到 6 次 / 分。在这种状态下，它们有超过 1 小时的时间来搜寻深海乌贼。

▶ **深海潜水员。**一条大青鲨在上层水域中捕食，那里有阳光照射，蔚蓝的海水可以帮助它隐身。但捕食乌贼的时候，它也能潜到海洋深处。由于大青鲨无法适应冰冷的海水，它潜水的时间非常短，之后它便不得不返回到上层温暖的海水中，这也是加速消化所必需的条件。

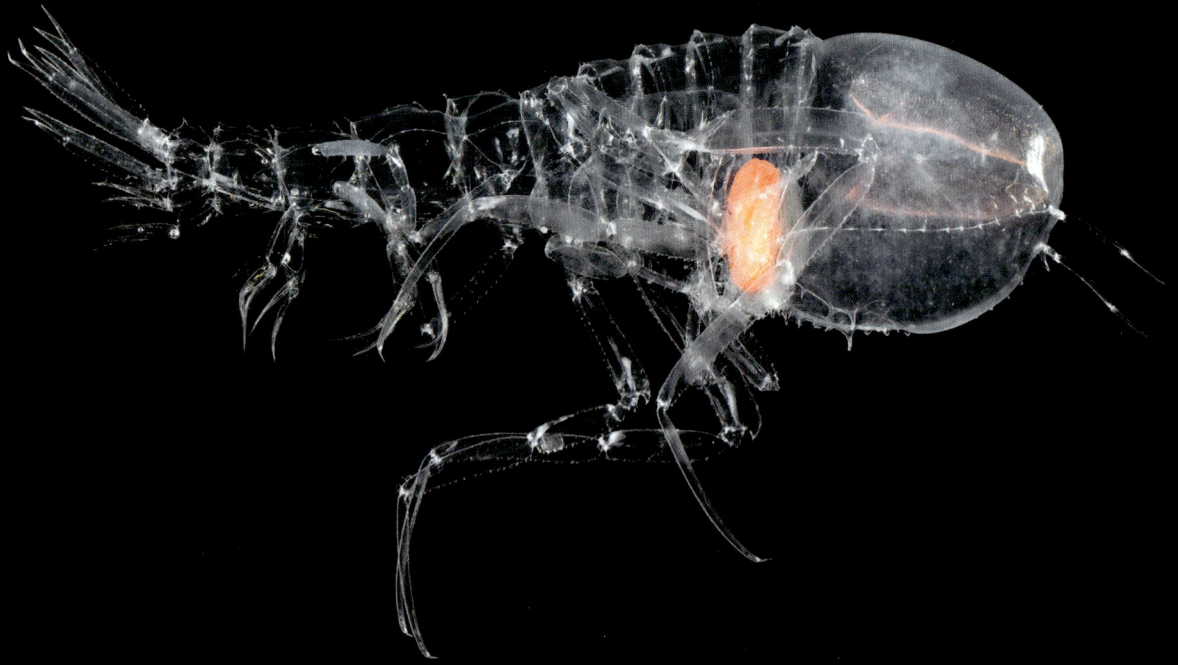

◀（**上图**）**端足目动物**。这种深海甲壳类动物的外形与虾类似，有一双透明的大眼睛。在夜色的掩护下，它们克服了层层捕食者的挑战，来到有光的地方捕食更小的浮游生物。

（**下图**）**太平洋章鱼**。这种章鱼透明的身体外覆盖着一层色素细胞（含有色素、可以反光的细胞）。它们可以迅速改变颜色以适应周围的环境，或向其他章鱼发出信号。作为技术高超的捕食者，它们向前和向后移动的速度都非常快。

▶ **蝰鱼**。蝰鱼可伸缩的下颌和锋利的尖牙组成了一个陷阱，使猎物无处可逃。这是为了适应深海环境，那里很少有猎物经过。蝰鱼脊柱末端的发光器（在这里看不到）能够吸引猎物，腹部的发光器可以使蝰鱼在昏暗水域形成反荫蔽效果。

昏暗的中层带

在清澈的热带海域，极少量阳光可以穿透到海面下 1000 米深的地方。海面以下水深 200 ~ 1000 米的区域称为中层带，在这里生活的动物不会遇到坚硬的东西，因此不需要骨架。这使得许多生物可以利用透明的身体来隐身。比如，像虾一样的囊状端足目动物——透明的水母有两只透明的大眼睛，可以在昏暗中视物。在中层带，即使乌贼和章鱼这类身体构造更加复杂的动物也会变成透明的。那些无法透明化的器官，比如有的海洋生物的眼睛，则会藏在银色的反射层之后。

这里的捕食者需要非常敏锐的视力。许多鱼的眼睛都是管状的，用来观察上方的阴影。有几种虾和一种章鱼也有类似的生物设计。深海的霍氏帆鱿有两只不同的眼睛，其中大的那只用来向上看，小的那只用来观察下面的情况。

中层带中的许多动物都会隐身，但是真正的魔术师非巨银斧鱼莫属。它们的个头比邮票大不了多少，只有纸张那么厚，两侧银边的反射效果非常好，像镜子一样。它们太薄了，身体下面几乎不会投射出阴影，这也是一种伪装。它们狭窄的腹部有发光器，可以调节自身的亮度，与上方投射下来的阳光保持一致。阳光明媚的时候，发光器发出的光较强。而在天气昏暗的日子里，发光器发出的光较弱。因此，巨银斧鱼可以在任何深度的海水里隐身。

许多生活在中层带的动物都会使用发光器形成反荫蔽效果，可是有的捕食者可以识破这种伪装，它们带有黄色晶体的大眼睛能够区分生物器官发出的光和来自海面的阳光。

由于很少有碎屑掉落，中层带的食物十分匮乏。与其浪费宝贵的能量，一些捕食者宁愿守株待兔，坐等猎物送上门来。例如，海蜘蛛捕食桡足类动物时会伸出带毛的长腿，在水中滑翔，筛出小动物；身体细长的带鱼直挺挺地悬垂在水中，猎物送上门来时就用又尖又长的吻部和锋利的牙齿咬住它；线鳗又瘦又长，吻似鸟喙，头和尾向不同方向弯曲，身上长满了用来捕虾的钩状的小牙齿，它们在游动的同时过滤水中的猎物。

然而中层带里的食物匮乏，无法满足众多捕食者的需求。每天夜里，都会有重达数百万吨的捕食者和它们的猎物来到营养更丰富的上层海水中，这是地球上规模最大的捕食者的集体迁徙。许多动物参与其中，但是绝大多数是鮟鱇（世界上数量最多的脊椎动物）。这种鱼只有 5~15 厘米长，它们是肌肉发达的游泳健将。与许多生活在中层带的鱼不同，它们有鱼鳔，可以根据要下潜的深度调整浮力。

不同动物竖直移动的高度有所不同。微小的浮游生物只能上升 10 米，而由于周身覆盖着发光器而被称为灯笼鱼的鮟鱇则会用 3 个多小时的时间从 1700 米的深处移动至距离海面 100 米的地方。在夜色的掩护下，这些生活在中层带的小型捕食者可以避开上层水域中大型竞争者的视线。在黎明到来之前，它们会回到相对安全的中层带。

▶（上图）线鳗。这是一种来自中层带的无鳞鱼。它的背部有很多椎骨（至少有 600 块），比任何已知的动物都要多。有的线鳗甚至长达 1.3 米。线鳗以小型甲壳纲动物为食，它们游动的时候像蛇一样，张着嘴巴，用向后倒长的牙齿钩住猎物。

（下图）鮟鱇。一条 8 厘米长的鮟鱇长有会发光的器官。鮟鱇发出的光可以模糊自身的轮廓以迷惑捕食者，也可以用于在鱼群中进行交流。深夜，鮟鱇会从中层带向上移动，到海面觅食。同时，它们也成了其他捕食者的食物。

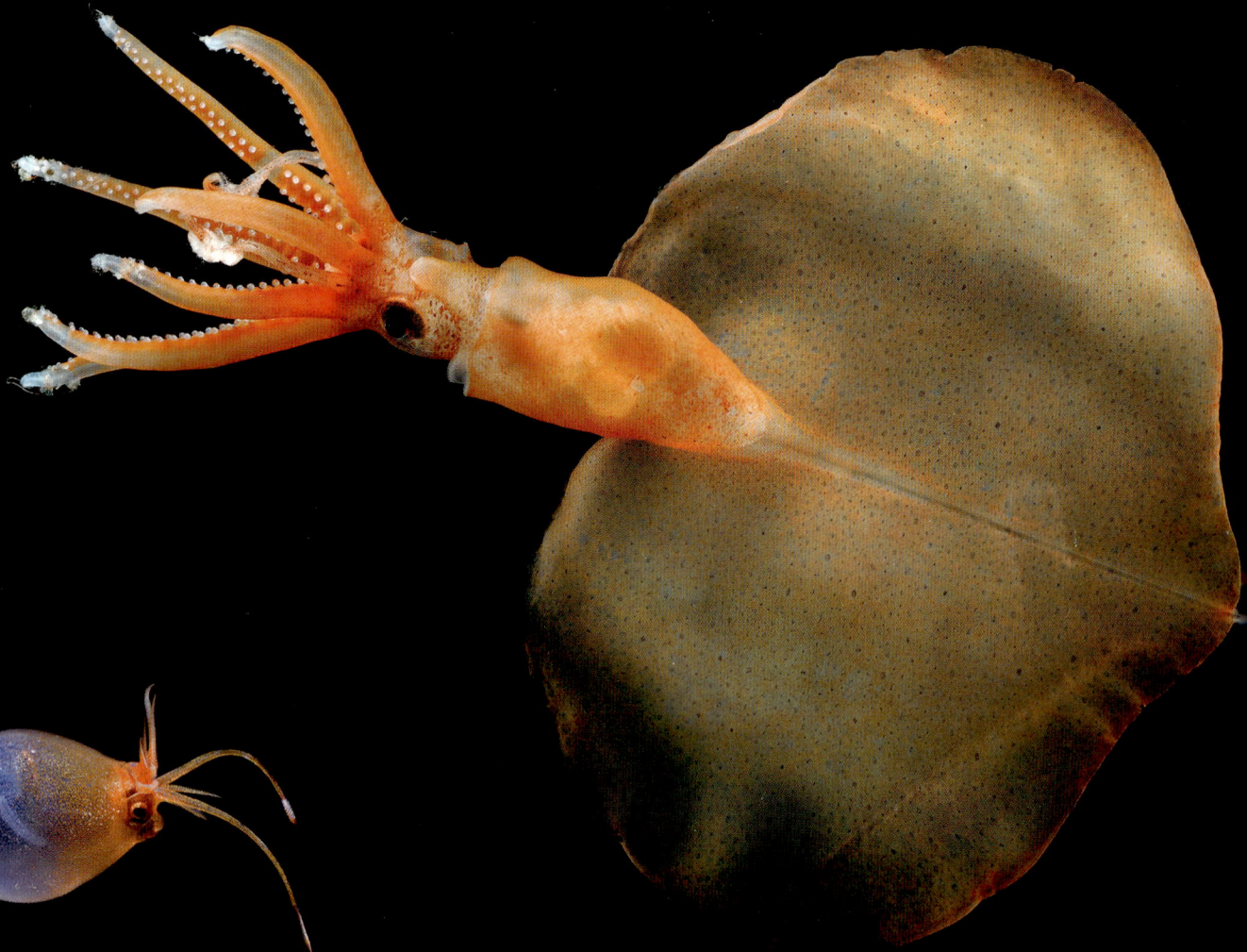

（上图）莱氏拟乌贼。它只有10厘米长。关于这种深海捕食者及其触手末端的腺休结构的作用，我们知之甚少。它们的躯干和触手上有许多色素细胞（含有色素，并且可以反光），可能具有交流与伪装功能。

（中图）幽灵蛸。这是一种小小的圆形透明捕食者（1.5厘米长），可以把头和触手都藏入外套腔内，并把鳍折叠起来，形成一个夸张的圆球。伪装成球可能是它们自保的一种方法。

（下图）独树须鱼。这是一条8厘米长的雌性鮟鱇，不同于其他鮟鱇，这条鱼没有色素细胞和发光的"钓竿"来引诱猎物，但它有一张非常经典的大嘴。它的脊柱可能具有保护作用。

黑暗深处

在海平面以下1000米的大洋深处，环境条件对于捕食者来说更为严苛。这里的水压是海面大气压的100倍，水温保持在2摄氏度左右，海面上的光线也无法照射到这里。从这里往下就是广袤的深层带，深层带占到了地球上水体总量的3/4以上。海洋表层制造的能量只有5%能到达深层带。对于这里的捕食者来说，距离和水压的差异使得它们不可能游到营养更加丰富的海洋表面，它们已经适应了这个食物匮乏的海底世界。这些深海捕食者同样也是地球上奇异的生物。

没有比鮟鱇更奇怪的鱼类了。它们的名字，比如黑鮟鱇和密刺角鮟鱇，就能给你一些暗示。大多数鮟鱇都特别小，只有几厘米长，这纯粹是因为食物匮乏，无法满足更大体形的需求。它们通体都是黑色，在海底的无光世界里，这是一种完美的伪装。其他生物都是暗红色，因为蓝色的海水可以吸收上面来的红光。暗红色实际上是另一种保护色。由于不会碰到坚硬的东西，鮟鱇的骨架脆弱，肌肉松弛。它们的眼睛非常小，反正它们在一片黑暗之中也看不到什么。

但是，鮟鱇对于轻微的震动十分敏感。须角鮟鱇全身长满了敏感的触须。这种"黑暗中的监听者"看起来像长毛沙滩球。所有鮟鱇都有可以高度扩张的胃和长着獠牙的大嘴巴。猎物很少到深层带，因此它们必须抓住一切食物。宽咽鱼将这种守株待兔的捕食策略发挥到了极致。它们的身体主要由嘴和可以大幅伸长的咽喉构成。它们在水中悬立，等着猎物送入它们口中的那块巨大的伞膜里。它们甚至可以吞掉比自己更大的猎物。

鮟鱇因利用生物发光诱捕猎物而闻名。超过90%的深海动物都靠发光捕食。这些深海生物在一种叫萤光素酶的催化酶的作用下，通过消耗一种被称为萤光素的基质而发光。鮟鱇头部有一个小洞，里面装满了作为诱饵的共生细菌，这些细菌可以帮助它们的寄主发光。因为在一片漆黑的深海里很少有光线，鮟鱇的发光诱饵非常容易被发现，好奇的猎物一靠近就会被它们吃掉。

"钓竿"的种类非常丰富。一些鮟鱇的"钓竿"的长度是它们躯干长度的3~4倍。许多鱼的下巴上还长着发光的触须，这些分叉的细丝就像奇异的圣诞节装饰。

其他利用生物发光原理的捕食者还有深海龙鱼，这是一种小型深海鱼类，身体瘦长，嘴里长满了锋利的尖牙，下巴下面有各式各样的发光触须。一条15厘米长的龙鱼的下巴上甚至可能挂着2米多长的触须。至于被它们的触须吸引来的猎物是如何被远处的嘴吞下的，这至今还是一个谜，没有人见过这一切究竟是如何发生的。

深海龙鱼还有一件武器。它们的眼睛下面有一个像探照灯一样的发光器。与大多数深海捕食者一样，它们有着发达的肌肉，随时准备追击猎物。巨口鱼更厉害，它们的眼睛下面的发光器可以发出红光，而不是普通的蓝光。由于海面上没有红光能到达这么深的地方，大部分动物看不见红光，这为巨口鱼秘密觅食提供了非常便利的条件。

◀ **小齿龙鱼。** 从图中可以看到小齿龙鱼眼睛下面的发光器。这种鱼也有长长的"钓竿"（即触须），"钓竿"从它们的下巴处垂下来，末端是闪着蓝光的诱饵。大多数深海鱼可以看到并发出蓝光，但是这种深海龙鱼还能看到红光。它们那红色的发光器可以在猎物身上投射出一种大多数深海动物看不到的红光。

▶ **（左上图和右上图）管水母。** 大西洋里的小型深海管水母具有生物发光特性。和其他管水母一样，它们是由独立个体组成的生物群落，每个个体都具有一种特殊功能，组合起来成为复杂的整体。

（下图）紫蓝盖缘水母。 这是一种生活在7000米深的海底的大型水母（伞部高达35厘米）。它们在夜晚会来到上层水域，利用触须上的刺细胞捕食浮游生物。它们的身体是红色的，在海洋深处不易被其他动物看见。但是，它们的身体可以发出一种蓝色的生物萤光，以此来吓退捕食者。

最大的捕食者

地球上已知最大的捕食者是蓝鲸，可重达175吨。和其他巨型鲸类一样，蓝鲸也善于长途奔袭，不断地往大海里寻找食物。许多巨鲸会往极地的夏天前往纬度更高的海域捕食，那时几乎持续不断的日照使南大洋和北冰洋变成了最丰饶的海域。每年夏天，南极半岛附近的海湾的宁静就会被上百头座头鲸打破。可是，到了冬天海面结冰以后，这些鲸会回到温暖的海域去繁衍后代。它们向赤道方向洄游的距离可能长达8000千米。当座头鲸抵达目的地的时候，热带海域中的食物已经所剩无几了。

这些体形巨大、善于长途奔波的海洋捕食者需要近乎完美的流线型身体来减小海水的阻力。蓝鲸可能是世界上拥有最完美的流线型身体的动物，它们的体形相对修长，长度接近30米。它们巨大的尾巴可以提供90%的推力，比最好的轮船螺旋桨还要高效。它们短距离冲刺时速度可以达到50千米/时。座头鲸长约18米，流线型的身体不像蓝鲸那么完美，体形也比较短胖。但是，它们拥有所有鲸类中最大的胸鳍——长达5米。因此，座头鲸可以跃水并因此而闻名。它们的胸鳍前缘长有被称为结节的小包，可以改变胸鳍上方的水流方向，为其增加上升的浮力。

蓝鲸、座头鲸等巨鲸最喜欢的食物都是磷虾。如果地球上最大的生物要依靠这种小型猎物为生，那么猎物的数量必须足够多才行。蓝鲸只吃磷虾，一头蓝鲸一天就可以吃掉4000万只磷虾。幸运的是，尽管蓝鲸不断吞食磷虾，但磷虾依旧是海洋里数量最多的动物。虽然统计数据或多或少有些差别，但一般认为仅在南大洋中就有5亿多吨磷虾。即使这样，在广阔无垠的大洋里寻找磷虾也是一件十分困难的事情。没有人知道蓝鲸是怎样找到磷虾的。蓝鲸可能并不使用回声定位技术，尽管雄性之间在行进过程中似乎时有交流，但它们在捕食的时候通常十分安静。对于这种沉默，一种可能的解释是便于听到猎物的动静。确实，甲壳动物出了名地聒噪，一大群虾在一起简直就像炸了锅一样。

即使鲸群发现了一大群磷虾，也未必会吃掉它们。蓝鲸和其他须鲸演化出了一种特殊的捕猎方式——冲刺式鲸吞。它们有松弛的铰接

式颌部，喉咙处的褶皱可以充分扩张，使它们的口腔能张得特别大。因此，它们仅凭口腔的一次开合，就能吃掉整群磷虾。 只有从空中，你才能真正观察到蓝鲸整个外形上的变化。蓝鲸平时修长优美的身躯前部如今鼓了一个大包，里面装满了大量海水与磷虾。一旦时机成熟，蓝鲸喉咙处的褶皱就会张开，用鲸须过滤出磷虾，把海水重新释放到海里。对于一头鲸来说，这样一次冲刺式鲸吞需要消耗大量能量，因

▲ **最深的一次呼吸。** 在水中完成了长达 10 分钟的冲刺式鲸吞后，这头蓝鲸松了一口气。它呼出的气柱有 6 米高。蓝鲸在潜泳时很快就会用光体内所有的氧气，所以它们最多只能在水下待 15 分钟左右。

此它会放过那些不够密集的磷虾群，而只为盛宴驻足。这一地球上最大的捕食者可是个挑剔的食客。

第 7 章

与捕食者同行

"这45分钟真不可思议，我的肾上腺素都快不够用了！"制片人埃伦·侯赛因回忆起虎鲸袭击座头鲸妈妈和幼崽的场景时如是说，"随后我想到……哇哦！还没有人见过这种量级的对决呢，我得赶紧把它拍下来。"

"仅仅10分钟后，我们就拍到蓝鲸使出了必杀技。"制片人休·科尔代说道，他从空中拍到了猎豹捕猎的全过程。他又说："这是我在20年的摄像生涯中遇到的最幸运的事。""这是我在整个职业生涯中最不可思议的经历。"制片人休·皮尔逊这样描述被如巨型喷气式飞机般大小的蓝鲸包围时的感受。

返回的工作人员一次又一次地为我们带来最新消息，包括动物的新行为以及他们自己的新见解和新体验。你可以说制作团队幸运得令人难以置信，但这也正是因为这样一个优秀的团队在正确的时间出现在了正确的地点。

▶ **史上最大的拍摄场面。** 摄像师戴维·赖克特在加利福尼亚海域拍摄到了地球上最大的生物——蓝鲸含着满嘴磷虾游过的画面。

◀◀（第236~237页）**观察北极熊。** 北极熊摄制组离开斯瓦尔巴群岛海岸，寻找那些在逐渐消融的冰块间穿行、意欲捕食的北极熊。

"都写在标题里了。"纪录片《猎捕》的执行制片人阿拉斯泰尔·福瑟吉尔(《蓝色星球》和《冰冻星球》等令人难忘的野生生物纪录片的制片人)说,"这部纪录片并非关于杀戮,而是关于猎捕的,描述了动物们在捕猎过程中施展的策略和付出的努力。"

拍摄最震撼的故事需要承担一定的风险,还要下定决心以能建立情感共鸣的方式去拍摄,让观众有身临其境之感——仿佛与动物共同行动,再通过剪辑来毫无保留地将捕猎策略呈现出来。

摄像机视角

拍摄捕猎策略最重要的工具之一就是摄像机——陀螺仪稳定式高清摄像机,它能够平稳地连续进行拍摄。但使用摄像机拍摄野生动物时,摄像师不仅需要兼具智慧与创造力,而且要掌握不少专业知识。杰米·麦克弗森是一位摄像师,他负责设计不同的装置来操控安装在船、吉普车甚至大象身上的大型精密摄像机,以全新的视角和不同的风格呈现动物的生活,并展现出固定在三脚架上的普通摄像机捕捉不到的动物行为。

这样做的目的只有一个,就是让所有画面的质量都能与电影媲美。

◀ **拍摄虎。**杰米·麦克弗森在印度班达伽国家公园的森林中寻找一头雌虎和它的 4 头幼崽。

"达到福瑟吉尔要求的标准,"杰米说,"我不希望观众注意到拍摄的痕迹,而是希望他们能沉浸在每一帧画面里。"让观众仿佛身临其境,与非洲野狗群一同狂奔,与北极熊一起畅游,与飞旋原海豚相互竞赛。

我们拍摄正在捕猎的非洲野狗时所开的越野车必须经过特殊加固,安上脚手架,在脚手架的一侧固定一个吊臂,再加上减震装置,用来放好莱坞式摄像机。它能在汽车极度颠簸、车速达到 65 千米 / 时且与野狗群并行的情况下平稳拍摄。我们需要选定一片没有蚁丘和土豚洞穴(撞上的话,有可能车毁人亡)的区域(这里指赞比亚的偏远地区),还需要一名技术高超的司机。

"这群野狗的速度太疯狂了。"杰米说。尽管刚开始它们只是小跑,一旦确定目标,它们就会立即提速。杰米说:"它们高速奔跑时,我们会跟随 10~20 分钟,实时拍摄。"

"那些镜头简直太不可思议了,野狗看上去就像受过训练一般,它们跟着越野车一路狂奔。"休·科尔代说。

▲ **共同作战。** 两只非洲野狗和 11 个同伴一起加速追击角马。尽管路面崎岖不平,但使用固定在加了减震装置的吊臂上的稳定式摄像机,杰米依然能够随行拍摄。对非洲野狗而言,速度过快的最大危险就是断腿。

▶ **无处藏身。** 临近傍晚,从直升机上俯瞰,可将角马、非洲野狗、跟拍的越野车都尽收眼底。不出意外的话,早上 9 点到下午 4 点间,野狗群会出现在某个水坑边,它们吃饱后便会去水坑边饮水、休息,等待气温降低,直到新一轮的猎捕开始。夜间,摄制组会追踪它们,直至天明可以正常拍摄。

空中视角

与此同时，空中摄制组也用摄像机和超长焦距镜头记录下了整个猎捕过程，这不仅是对地面拍摄的补充，还呈现了野狗群冲散一群角马、挑选出目标的过程。休说，之所以能有逻辑地呈现非洲野狗的捕猎策略，是因为只有在俯拍时，你才会了解这与地面拍摄的差异在哪里以及实际情况是怎样的，才能看清它们的耐力与速度。

直升机给摄制组带来了不同于地面的挑战，包括如何在风的猛烈冲击下保持平稳，将拍摄对象锁定在镜头里。杰米说，当你用三脚架上的普通摄像机拍摄时，你要与其融为一体，右眼透过镜头进行观察，再加上左眼，便能将一切尽收眼底。杰米说："（使用这种摄像机拍摄时），就像在查看监视器，虽说只有一点点延迟，但聚焦很不方便，尤其是在高空中控制它的时候。要利用控制杆，而非直接用双手操作摄像机。与此同时，你还要指挥直升机飞行员——调整高度或位置，而不仅仅是简单地左右转向。还要通过耳机和制片人交谈。所以，你必须全神贯注。'哇哦！'制片人盯着监视器，他会在你拉近镜头拍摄狂奔的动物时发出一声感叹。"

在苔原地带拍摄北极狼追捕沿"之"字形路线狂奔的北极兔时，开着四轮沙滩车的摄像师马克·史密斯根本跟不上，更无法采取更多行动。但这并不耽误杰米在空中拍摄，他一次就可以拍摄到猎捕的全过程。

当然，最终版本如此精美还是因为画面具有超高的清晰度——这是以电影画质为标准进行拍摄的，有时甚至达到了 3D 大片的水准。当你用摄像机的一个镜头拍下整个狼群追逐麝牛群的画面时，那才真是电影大片的效果。

追踪虎

对于追踪虎的捕猎过程来说，拍摄要求是完全不同的：拍摄时要以水平视线缓慢跟踪。但在印度班达迦国家公园中，越野行驶是明令禁止的，就算下车摆个三脚架也不行。你可以在车上安装三脚架，但那样就无法拍摄到低处的画面了，也不能 360 度旋转摄像机。因此，杰米还是得准备一组特制的长架和一个吊臂，好让摄像机可以在各个高度平稳地拍摄潜行的虎，而且能转动至任一角度，还能越过司机的头顶伸到另一边。为了拍到森林里的真实场景，制片人约翰尼·休斯想

▲ **地面行动。** 在赞比亚的摄制组在等待非洲野狗醒来。直升机的使用费用太高，因此他们无法每天都用直升机进行拍摄，这是个棘手的问题。从左至右分别是摄像师杰米·麦克弗森、飞行员弗兰克·莫尔迪诺、制片人休·科尔代、野外协助员罗宾·丁布尔比和助理制片人曼迪·斯塔克。

到一个好主意，他制作了一个带绞盘的特制铝架。有了它，杰米就能像 65 岁的大象哥谭一样追踪虎了。哥谭不仅十分适应这套装置，面对虎时也泰然自若。

对于坐在越野车上在密林里穿行拍摄，制片人约翰尼·休斯这样说道："很多时候，以我们的视线高度是看不到虎的，但杰米可以，他站着通过摄像机观察四周，告诉我们要直行或改变方向，否则我们没办法跟踪虎。当你与虎并肩而行时，拍出的镜头美到无以复加。"

第 7 周，摄制组终于得到了奖励——他们在历史上首次完整地拍摄到了虎的捕猎过程。"我们跟着它走，心里明白能目睹它捕猎的机会微乎其微。"杰米说，"它的前方有两只雄性白斑鹿，正往相反的方向走。当它消失在灌木丛里时，我赌了一把，将镜头对准其中一只正在吃草的雄鹿……突然，虎从灌木丛中一跃而起，像橄榄球运动员一般，直接把雄鹿撞翻在地。雄鹿在这个过程中没有挣扎，不像狮子捕杀角马时二者还会争斗一番。虎咬死雄鹿，再将其拖至树后。这一切不过 30 秒的时间。"

"我没有看到，"约翰尼说，"当时我正弯腰把吊臂调至半空中。杰米盯着屏幕，我只听到他一个劲儿地激动了。等虎躲到一棵树后时，我们把摄像机架到大象身上，记录剩下的部分。在森林中拍摄如此高水准的猎捕过程是前所未有的，而且用两台摄像机同时拍摄的想法妙极了。"他们还拍摄到了一头雌性幼虎捕猎失败的过程。

水上追捕游戏

在船上，即便是在大船上，也会弄出很多动静，因此想要以电影慢镜头般的速度尾随迁徙的海豚或者在水中跟踪海豹的北极熊，是很

◀ **巨型交通工具。**雄象哥谭耐心等待，杰米正在检查摄像机，确保其正常运转。这台摄像机是用越野车运过来的，用于深入森林追踪虎。专门定制的铝架能够轻松地将摄像机吊起或降到与虎相同的高度。摄像机的拍摄角度也能由一根操纵杆调节。拍摄时，虎对哥谭毫不设防，我们便有了拍摄特写镜头的机会。

▶ **最后的冲刺。**这头 18 个月大的雌性幼虎盯上了一只白斑鹿，它从灌丛中一跃而起，但最终没能捉到猎物（照片取自固定在哥谭身上的摄像机所拍摄的片段）。这头幼虎是 3 头幼虎中最爱冒险的一头，它从妈妈那里迅速学会了捕猎技巧。

难如愿的。在选定一头北极熊后，你也不能扛着三脚架站到冰面上。那样会干扰北极熊的捕猎行动，也有许多重大的安全隐患。因此，陀螺仪稳定式摄像机再一次派上用场。这是唯一能以低角度镜头将北极熊在浮冰迷宫中捕猎的技巧展现得淋漓尽致的方法。解决方案就是将摄像机固定于能在一艘金属小船上保持平衡的起重臂上，金属小船很轻便，能够被迅速下放至水中。接下来，你就得在广阔的海面上寻找

▼ **融化的风景。**乘着小船记录下北极熊猎捕海豹的过程后，杰米和制片人约翰尼·休斯、向导哈弗德·贾斯扎站在冰上拍下了正在快速融化的白色背景。

一头正在捕猎的北极熊。"在浮冰之间，它的头就像一只小白鸭。"杰米说，"如果你够幸运，能碰上一头正在追踪猎物的北极熊，你还要祈祷它饥饿难耐。"此外，还要保持距离。摄制组开着小船在碎冰间穿行，尾随几头北极熊。每一头北极熊都在找寻目标海豹。北极熊能够悄无声息地游泳，不激起水花，还能在估计海豹的准确位置时一动不动地藏身于浮冰之下，然后潜至距海面约6米处，再一鼓作气冲上冰面。

▲ **寻找北极熊。**在平静如镜的海面上,关掉发动机,让小船漂荡,摄制组正在寻找海豹和北极熊。他们在接近前方冰川的浮冰间发现了二者。杰米负责拍摄,野外助理安迪·贝德韦尔控制吊臂,可将摄像机降低至接近海面处进行拍摄。站在一旁的是外景制片主任杰森·罗伯茨,他也是研究北极熊的专家。

◀ **瘦莉齐在行动。**被摄制组称为"瘦莉齐"的雌性北极熊迫切地想要捉到海豹,它朝着猎物游去。靠得越近,它下滑得越深,只留脑袋在水面上。

然而,每一次海豹都逃之夭夭了。两周过后,摄制组终于拍摄到一次成功的猎捕。海面平静如镜,光线恰到好处,小船一路追随北极熊的身影。"我们以为海豹逃脱了,但北极熊显然在水下追上了它,随后用嘴叼着它冒出了水面。这画面太奇妙了。"

不论是在船上拍摄带着幼崽的座头鲸妈妈拼命摆脱虎鲸追击的顶级画面,还是在大海上与信天翁同行,或拍摄一群军舰鸟掠过海面,直冲向天际,特制的起重臂都能让摄制组在许多特殊的海洋环境中顺利进行拍摄。

纤毫毕见

技术的突飞猛进使得摄像机不断更新换代，能拍摄更加清晰的画面，但需要何种技术，技术又该如何利用，依然由拍摄视角决定。拍摄雨林里的顶级捕食者就要求新颖的视角——在表现大场面的同时还要实时呈现发生的每个细节。

此时，最新型的 4K 迷你摄像机就派上用场了，它最初的设计目的是用于拍摄工程上的工艺细节，随后得以改进，用于安装一些特殊镜头。比如，将一种新型显微镜头安装到云台上，再制作一个 3 米长的吊臂，就能组装一台可以从远处控制摄像机聚焦的设备。

选取的拍摄地点位于厄瓜多尔境内的亚马孙河上游，距营地 1000 米。这已经是每天摄像师们能把所有设备运送到的最远距离了。捕食者的踪迹很明显。第一天，他们就找到了地方。第二天，他们安装好设备准备拍摄行军蚁，将镜头深入这片处女地，摆在蚁穴前方。摄像师阿拉斯泰尔·麦克尤恩负责操作云台，制片人约翰尼·休斯负责调节吊臂，卢克·巴尼特则负责对焦。他们守在蚁群前方开始拍摄。"前头部队有 7 米长，"约翰尼说，"庞大的黑色行军蚁群让灌丛里的一切生物闻风丧胆。当它们全体出动时，你会见识到落叶掩盖了多少蚂蚁……就连蝰蛇和美洲豹也害怕行军蚁。"

摄制人员站着不动，橡胶靴上缠满胶带，防止行军蚁往高处爬。他们避开了攻击，蚁群聚集在他们周围。有了吊臂，他们就可以操控摄像机在蚁群上方迅速来回移动，拍摄蚁群中正在发生的事情。这依靠三脚架根本无法完成，因为摄像机需要随着蚁群一起移动或者架在蚁群中间。

另一种专业摄像机可以清楚地拍摄到单只蚂蚁，也能将发生的事一清二楚地慢速呈现出来，还能让人目测出蚁群移动得究竟有多快。"最初我们每秒只能拍摄 60 帧，而且画面模糊不清，"约翰尼说，"后来增加到每秒 90 帧、120 帧。神奇的是，这时你可以看清蚁群在纠结该往哪个方向走，它们背着重于自身体重的食物，同时还要防止同伴向相反的方向跑。"

▶ **拍摄行军蚁。** 摄像师阿拉斯泰尔·麦克尤恩正在用微距镜头拍摄行军蚁，制片人约翰尼·休斯和研究人员伊莱尔·马拉柳则用 LED 灯照亮这群小家伙。在用广角镜头拍摄行进中的蚁群时，摄制组可以利用特制的吊臂和线路在远处控制摄像机。但要拍摄其中一只行军蚁的近景时，唯一的办法是让阿拉斯泰尔跪在蚁群经过的路上，承受被叮咬的折磨——远不止一下。

潜入深海

　　鱼竿式摄像机的设计和完善花费了一年时间。这涉及为性能最先进、体积最小的超高清摄像机设计合适的水下防护罩，将其固定在船上，通过线缆将其与监视器连接，让甲板上的人能直接操控。摄像师道格·安德森利用监视器来对焦和变焦。这是一项时间投资，并已取得回报。没有它，摄制组就没法在广阔的海域上从不同的高度捕捉近乎完美的、在船边高速行进的飞旋原海豚群的镜头。当然，专家得先在一片广阔的海域上定位，判断在哪一处有可能拍摄到这样的画面。

▼ **猎捕盛会。**一眼望去，2000只甚至更多飞旋原海豚在邻近哥斯达黎加的太平洋里捕捉鲅鳒。这一幕由架在船上的鱼竿式摄影机拍摄到。摄像师道格·安德森和制片人休·皮尔逊身穿潜水装备，垂挂在小船的一侧，跟着快速游动的飞旋原海豚群一路追踪拍摄。在一片刺耳的杂音中，他们显得更加专注。

这一幕是在离哥斯达黎加海岸 65 千米处拍摄到的。幸运的是海水清澈，而且海面上风平浪静，十分难得。离海豚足够近也是拍摄的重要条件。于是，制片人休·皮尔逊身穿潜水装备，身上绑着从船体一侧放下的绳子，循着海豚的声音，被船拉着向前游。

他的动静成功地引起了海豚的注意。休说，他就像"身处一个鲸类动物军营，周围充斥着歌咏声、嗡嗡声、吮吸声、交尾声和杂耍声"。"沉浸于海豚的世界，一场你无法从海面上看到的世界，就像置身于一场疯狂的派对中。"他说。

▲ **夜间相遇。** 这张于夜间拍摄的照片记录下了豹与斑鬣狗狭路相逢的画面，斑鬣狗对于豹抓到的所有猎物来说都是个潜在威胁。马特·埃伯哈德在一辆车上用红外线摄像机进行拍摄，助理制片人曼迪·斯塔克则从另一辆车上操控巨型照明板——这并不容易，而且不是每次都能成功。

◄ **夜间行动开始。** 这只 12 岁的雌豹离开白天休息的大树，开始夜晚的捕猎行动。它也在白天捕猎。

灯光与豹

在赞比亚的南卢安瓜，拍摄在夜间捕猎的豹本应很简单。那是个干旱的季节，酷热无比，但在夜晚拍摄会凉快许多。当然，豹常常在夜间捕猎。摄制组决定使用红外线摄像机而非热成像设备，尽管后者可以打出更生动、更有美感的灯光，但那需要再来一辆车专门打光，而且不能开车头灯，摄像师和灯光师之间也不能交流。负责控制巨大的 LED 照明设备的助理制片人曼迪·斯塔克说："我们在外面待了13 小时，却仿佛只有短短的两小时，真是太不可思议了……我从未见过这么多双眼睛在黑暗中闪烁……整晚听着四周发生的事，感觉非常奇妙。"那是第一周。等到了第四周，拍摄已经变成"巨大的挑战"。

路面上乱石丛生，布满动物的脚印，而黑暗意味着危险。摄制组每晚只能颠簸前行，而且总有轮胎被刺穿的情况发生。他们戴着特制的声控耳机，以使摄像师马特·埃伯哈德在拍摄时告诉曼迪什么时候朝哪里打光。但是，特制的耳机不起作用。灯光设备的面积太大，她被挡在后面什么都看不见。小型红外线摄像机原本应起到引导作用，但也失灵了，而且照明设备一开启，司机便看不清路。最后，他们只好通过司机相互交流，而司机的母语不是英语。"所做的一切都是为了不干扰豹及其猎物"。

最后拍摄到的是一只拥有一片开放领地的 12 岁豹，它似乎不介意被跟踪。因此，我们又安排了一个摄制组在白天跟踪它的行迹，结果发现它更喜欢在白天捕猎，可能是因为在炎热的天气里，狮子和鬣狗偷取它的猎物时的成功率会大大降低。在马特和曼迪拍摄到的猎捕画面中，有一幕是豹在月光下潜行，虽然它失败了，但这让他们难以忘怀。

"它在我的右侧，就在车子旁边，我给它打光。"曼迪说，"很长时间，它都保持静止不动，专注地盯着远处。黑斑羚在 50 米开外吃草。这一次，我借着月光看到了它的举动，它不时抖动耳朵，缓缓爬行，悄无声息地接近它们。我激动地期盼着……终于，有黑斑羚看到了它或嗅到了它的气味，警告同伴离开，猎捕行动宣告失败。它只是挺起

▲ **寻找豹的日间行动。**曼迪在寻找要拍摄的主角时，杰米坐在后座上，透过取景器选择角度，而司机托马斯则在耐心等待。为了呈现猎手的视角，摄像机的高度被调整至与一只豹的头部高度持平。

▲ **豹的日间捕猎行动。**豹借助深沟的遮蔽悄无声息地前行，寻找在深沟附近吃草的猎物，以便伏击。这个策略很成功，摄制组不止一次拍摄到豹捕食的场面。

身子，迈步离开。"

日间摄制组成员休和杰米利用固定在吊臂上的摄像机以离地面不到半米的高度追踪一只豹。白天，它的策略是利用深沟作掩护，跟踪在深沟边吃草的瓦氏水羚和黑斑羚。"看它沿着沟底爬行是一种享受。"休说，"它必须极其小心，以免被雄性瓦氏水羚发现，因为后者会警告同伴。它还要提防狒狒，如果一只狒狒经过深沟，它就会转身逃跑，躲在某个角落里，直到狒狒跑远。"最终，它顺利地穿过赤羚群和狒狒群，撂倒了一只黑斑羚。"不到 10 秒，它就拽着一只体重是自己两倍的、怀了孕的黑斑羚跳进深沟里，轻松得像在拖一条毯子。"休说。一群狒狒看到了它。"它们都兴奋起来，冲着深沟奔来。紧接着，我们就看到

那只黑斑羚从深沟中跳了出来。"休说。一时之间，所有目光都聚焦到这位独行的猎手身上。

决定与经费

"执行制片人最重要的职责之一，"阿拉斯泰尔·福瑟吉尔说，"就是风险管理。"拍摄野生动物从来都是一场赌局，特别是当涉及海洋时，预算极有可能打水漂，或者最终投入巨大。阿拉斯泰尔说，在任

▲ **让人分心的螃蟹。** 这是临近墨西哥海岸的远洋红蟹，由道格·安德森拍摄。那天道格没有看到沙丁鱼群的迹象，却碰上这群远洋红蟹。许多动物以这种蟹为食，其中包括金枪鱼，所以说不定大型捕食者会出现它们周围，可惜最后没有。

▶▶（第262~263页）头奖。戴维·赖克特拍摄到了一头蓝鲸正要吞食一大群磷虾，并小心避开它的尾巴和鳍。"与如此巨大的动物共处同一片海域，令人心生敬畏。"他说。为了拍摄这头速度极快的巨兽，戴维不得不预先游到它可能经过的路线下方。

何一部大型纪录片的拍摄过程中，对于危险，有 1/3 是预料之中的，还有 1/3 是前所未有的。"但是除非有巨大回报，否则冒这么大的风险是毫无意义的。"举个例了，如果你知道虎鲸在如水晶般清澈的水中追捕座头鲸这种可以为纪录片留下最具纪念意义的画面的消息，就会决定赌一把。

那么多镜头同时拍摄，要取舍并不容易。休·皮尔逊说，在广阔的海洋里，动物们要么饥饿难耐，要么食物丰盛。在他拍摄的镜头中，拍摄风险最大的或许要数蓝鲸捕食了，这之前还未被人们记录过。鉴于目前的蓝鲸数量只剩下捕鲸活动兴起前的 3%，要在广阔无垠的大海中找到一头恰好在捕食磷虾（其踪迹也不可预测）的蓝鲸，同时海水的清澈度刚好适合拍摄，完全就是一场豪赌。第一年的尝试在加利福尼亚海域进行，结果一个月过去了，他们几乎一无所获，只拍摄到蓝鲸游过磷虾群的几个镜头，最终损失巨大。但大家选择继续下注，第二年再尝试，结果证明第二年是潜水接近蓝鲸的最佳年份，浮游生物没有大量繁殖，海水清澈，这对于水下拍摄至关重要。和往常一样，摄制组在拍摄行动即将结束时得偿所愿：8 周的寻找就为了获得 10 分钟的珍贵资料。

鲸口脱险

拍摄行动即将结束时，摄制组注意到地平线处的一群鸟发现了磷虾的踪迹。他们开船快速赶去，看到与网球场面积大小相当的、团成球状的磷虾群正在遭受沙丁鱼的攻击。蓝鲸通常会避开它们不吃的鱼，但休和摄像师戴维·赖克特下水。随后，休便看到了一头巨鲸从他们下方游过，离戴维不到 2 米。这是一头身长 25 米的蓝鲸。"接着我们经历了最不可思议的瞬间。"休说，"它来回游了 4 次，划出一条巨大的弧线，大口吞下磷虾。那场面既令人兴奋，又让人害怕。"

"如果它用尾巴打中你（尾巴横扫的距离超过 7 米），你就死定了。更令人担忧的是，它可以直接吞下你。蓝鲸张开的大口能吞下一辆大巴车。因此，有一条黄金法则：千万不要待在磷虾中间。"

"在海里与一头蓝鲸相距不到 1 米，并与之对视，这是我终生难忘的经历，极少有人能有这样的经历。我们异常幸运。可见度很好，阳光普照，摄像机运转正常，我们捕捉到了独一无二的镜头。"

空中剧场

说到钱，直升机的使用也是一笔巨大花费。拍摄地点通常离机场甚远，意味着得给飞行员付更多报酬，买更多燃料。拍摄非洲野狗时，空中摄像对于展现它们的捕猎策略必不可少。但要到达赞比亚的柳瓦平原国家公园，直升机必须从南非出发，预计到达时间为一周后，那时野狗群早已不见踪影。

领头的雌性野狗戴了一个无线电项圈，但正常来说，它只能接收到发射半径在 1 千米以内的信号——在森林里接收信号的范围就更小了。摄制组曾在一个风雨交加的夜晚跟丢过它。因此，制片人休·科尔代无奈地租了一架轻型飞机，从卢萨卡出发来到森林里，努力寻找非洲野狗的身影，但是没能成功。后来，他派来了直升机，成本不断增加，形势严峻。

最终转移大家注意力的是一只出现在营地旁的猎豹。休决定，与其让直升机闲置，不如拍摄猎豹的捕猎过程——从未有人从空中成功拍摄过。只飞了不到几分钟，他们就拍摄到猎豹追捕羚羊的画面——"每一段迂回曲折的过程都被实时记录下来，展现了它们的速度与灵活性"。

第二天，他们再次升空，同样幸运得令人难以置信。"刚到那片区域时，"休说，"我们没看到猎豹，但过了不到 30 秒，就看到一只角马跑来。于是，我想它一定正被追捕。杰米决定跟上它，他说，'我只需要启动摄像机，希望它跑到镜头里来。'它真的来了。我们拍摄到猎豹追捕 4 只角马——两只雌性角马及其幼崽的整个过程。其中一只雌性角马几乎要撂倒猎豹，猎豹挣脱束缚，转而攻击角马幼崽。它没能成功，但我们成功了。不到 10 分钟，我们就拍摄完了精彩画面，俯瞰到猎豹的捕猎过程。"

对于纪录片《猎捕》而言，成功的拍摄往往来自跟拍失败的猎捕行动。的确如此，被记录下来的猎捕行动有一半以失败告终，但如果拍摄的是非洲野狗，其成功率为 80%。当直升机再次在公园中找到目标后，一场持久、成功的猎捕行动被记录了下来。杰米说，将所有镜头剪辑到一起，"我们便能看到有多么精彩，野狗群有多么危险，而角马又有多么害怕"。

▶ **野狗退场，猎豹上阵。**猎豹将目光锁定在一只角马幼崽身上。它被直升机上的镜头捕捉到时，地面摄制组正在疯狂地寻找原本打算拍摄的对象——野狗群。他们转而决定拍摄猎豹，因为它也是那片区域的研究对象，而且佩戴着无线电项圈，所以他们知道它的大概方位，可以通过从空中追踪它的潜在猎物来追踪它。

无所事事的日子

对休·皮尔逊而言，身处广阔的海洋，可以感受到一种不可思议的强大力量——那是"真正的旷野"。"我可以在海上待一整天，即便什么都没看到也很开心，因为总会有出乎意料的惊喜。"他说。但是，对于大多数纪录片制作人来说，一旦动物不会出现，或者天气不可预测，兴奋之情就会消失殆尽。助理制片人索菲·兰菲尔和她的团队前去拍摄北极熊捕食海象时，意外地在8月（10年来头一回）被海上的冰川挡住了往北的去路，被迫待在斯瓦尔巴群岛东部。那里有许多海象，却没有北极熊。确切地说，经过连续三周的全天候监视，他们只看到过一头未成年的雄性北极熊。"最糟糕的是无聊，"索菲说，"还有说服众人留守于此是值得的。"

旱季的最后一周，摄制组决定在纳米比亚的埃托沙国家公园中拍摄

▼ **漫长的等待。** 狮群在纳米比亚埃托沙国家公园里的一个水坑旁休息。在经历狮群长达五周的休息期后，摄像师索菲·达林顿和助理制片人曼迪·斯塔克才在最后一天日间的最后一小时里成功地拍摄到狮群捕猎的场景。在无处藏身的环境中，伏击的最佳掩护往往是暴风雨和黑暗。

狮子，因为此时所有动物都被迫前往仅剩的水坑边饮水，狮子会比平时更加活跃。曼迪·斯塔克和摄像帅索菲·达林顿锁定了拍摄目标——在水坑四周闲逛的狮群。形势很快就明朗起来。曼迪说，白天狮群的唯一活动就是"在太阳落山前的最后一刻起身，舒展舒展身体，再躺回去"。渐渐地，摄制组意识到狮群只会在暴风雨的掩护下行动。但在疾风骤雨、沙石翻飞的情况下，索菲不能冒险使用摄像机。整整五周，狮群没有任何值得拍摄的内容，资金不断被消耗，摄制组的压力巨大。但就在最后一天的最后一小时的最后一缕阳光的照耀下，奇迹真真切切地发生了。

"我最终锁定狮群时，"曼迪说，"天空已经是一片黑暗。你能预感到一场暴风雨即将袭来。有一头雌狮开始走动，我们由此也能看出它们准备捕猎了。我的肾上腺素开始飙升，我浑身颤抖，连设备箱都差点拿不稳了……我拼命朝猎捕将要发生的地方开车狂飙，并通过无线电告诉索菲。"

索菲到达时，雌狮们已经就位，蹲伏在一小群斑马的两侧。曼迪说："我猛地把摄像机抽出来就开始拍摄。"

"斑马的感官受到暴风雨的干扰，"曼迪说，"它们压根儿看不见狮群，一只成年雄性斑马竟然径直从它们身边走过。领头的狮子清楚自己的目标是哪一只斑马，而那只斑马也有所察觉。"它突然采取行动。"（它）开始冲刺，我从未见过狮子冲刺这么长的距离。"索菲说。它的身影离镜头越来越远，狂奔的距离约有 1 千米，逐渐没入黑暗之中。"我的镜头一直奇迹般地聚焦在它的身上……更神奇的是，就在狮子咬死斑马之际，天空中突然闪现一道光照亮了狮群，那是我见过的最为鲜红的夕阳……等回到营地时，我才反应过来。我的天哪，我们拍到了，我们做到了！"这样，摄制组最终拍到了他们想要的猎捕画面，这是一次与众不同的猎捕，狮群也得到了食物。

对于马克·史密斯来说，拍摄带幼崽的秘鲁水獭才是"顶级灾难"。他在智利待了整整两个月，连一只小水獭都没见到。尽管他已经拍到了足够多的成年水獭和即将成年的水獭的高质量镜头，但那也只是在海里的匆匆一瞥。"对于它们的群体结构和习性行为，我们还知之甚少。"他说，"它们很少上岸觅食，也很少出现在海面上。"不同于其他大多数拍摄行动，"没有科学家能告诉你会在何时发生何事"。

请教专家

大多数捕食画面的成功拍摄与科学家的帮助密不可分。在通常情况下，科学期刊上的信息可以帮助摄制组决定拍摄什么，到哪里拍摄，什么时候拍摄。科学家给所研究的动物戴的无线电项圈让摄制组得以追踪拍摄目标，其中包括北极狼和非洲野狗。

说到雀鹰，挪威学者约斯泰因·赫勒维克给摄制组提供了一组弥足珍贵的雄性雀鹰捕猎的照片。他在森林里建造了一个喂食基地，并坚持观察了数年。那里似乎变成了少年雀鹰的大本营，它们会在那里练习捕食松鸡的技巧。在 10 天的拍摄时间里，摄制组没有看到一次成功的捕杀，却目睹了松鸡正面逃脱雀鹰的魔爪。"松鸡天资聪明，"摄像师约翰·艾奇逊说，"速度比雀鹰的快得多，它们还会观察每一次袭击，从中汲取教训，并在下一次雀鹰来袭时做出绝妙的反应，利用自身的冲力脱险。松鸡会飞向一个树桩或者树干，利用双脚与其相撞的反作用力将自己推向一边。但雀鹰没来得及反应，直接飞过了头。这种场面在一天中往往会重复多次。"

用高清高速摄像机回放每一个瞬间，"勇猛的年轻雀鹰"的空中技巧令约翰震惊不已。为了减小翅膀的阻力，直接冲向下方的松鸡，"雀鹰会将身子颠倒，保持头部向下——这在飞行中是非常疯狂的举动"。

助理制片人阿德里安·西摩说："尽管袭击过程只有几秒，但雀鹰属于常见动物，而且接待我们的科学家对它们了如指掌，能够预计它们会出现在哪里。因此，我们可以安排拍摄计划，甚至确定需要的背景。这就像在用驯服的鸟拍摄电影镜头。"

因为和拍摄对象长时间朝夕相处，《猎捕》拍摄团队还有许多新发现，通常是在那些科学家到不了或者没有经费前往的地方得到的。对于许多团队成员来说，这些发现不仅是一段段旅程的亮点，也为这部纪录片锦上添花。

▶ **飞行训练**。一只年轻的雀鹰在挪威森林中的觅食地上练习飞行时攻击了一只小松鸡。尽管这只雄性雀鹰的飞行路线准确无误，爪子也做好了抓刺的准备，但松鸡最终以智取胜。

定位策略

一般来说，摄像师会注意到被常人忽略的动物的细微动作，有经验的学者更会注意到这些，这是他们在长期的观察实践中由于预测动物行为的需要而练就的本领。巴里·布里顿用了 7 周时间，在北极的斯瓦尔巴群岛上拍摄繁殖期的鸟类，他需要拍摄一组成群结队的海鸽幼鸟从巢穴里跳进海里的画面。他说："你可能以为它们会等到发育成熟再行动，但我们看到了不同大小和年龄的海鸽。成功与否似乎与体形的大小并无关系。有时，一个毛茸茸的小东西在落水前就已经飞到海面上老远，而一只成熟的鸟像石头一样直直地砸在碎石堆上。我们开始意识到，海鸥在崖壁上攻击那些鸟是想从中挑选脆弱的幼鸟。如果幼鸟等到足够成熟，到了最佳时机再入海，被海鸥捕捉的风险就会随之增加，因此它们不得不尽早跳入海中。"

为了保持画面的连贯性，他们必须拍摄到一只幼鸟跳下崖壁的瞬间。尽管已经观察了很长时间，但他们还是决定不了该把摄像机安放在哪个鸟巢里。后来，巴里想到一个主意，在崖壁上安置一台摄像机。回看监视画面时，唯一的线索就是幼鸟会走到崖壁边缘突出的岩架上，伸出脑袋朝下面看半分钟（通常是为了安全考虑）。等看到它的脚蹼走到崖壁边缘时，接下来便会看到它起飞，它似乎想赶上自己的父母。

"我们只要看到有鸟的脑袋伸出来，就会将镜头对准它。我们越来越有经验，知道事情会在何时发生，于是成功地捕捉到 4 个很棒的跳跃镜头。"巴里说。海鸥或许也在观察中发现了相同的线索。大多数海鸽幼鸟会集中在夜间的 6 小时跳下悬崖，海鸥很快便能饱餐一顿了。

更令人惊喜的发现是北极狐捕食小海雀的策略。这类像海雀的小型雀鸟喜欢在悬崖底下的岩洞里筑巢。巴里和助理制片人索菲·兰菲尔看到一只狐狸潜入那里，消失在岩石间，但似乎没有事情发生。后来有一天，他们明白过来，狐狸藏在岩石中间有时会超过一小时，它在等待小海雀飞回栖息地。只要有一只小海雀的着陆点与狐狸的藏身之处离得特别近，狐狸就会猛地跳出来，试图抓住它。"一只雄狐可以

◀ **寻找飞行的幼鸟。**巴里·布里顿站在悬崖上的一个危险的地方，将摄像机架在岩架上，想要锁定一只准备起飞的小海鸽。和他一同观察的是助理制片人索菲·兰菲尔。

▶ 观察狐狸。巴里藏在悬崖底部的碎石堆上。他可以在这里花上一天的时间拍摄在岩石间筑巢的成千上万只小海雀，以及藏身其间试图捕食它们的狐狸。这个地方就是天然的圆形剧场，小海雀不绝于耳的吵闹声和空中海鸽的咯咯声被不断放大。小海雀飞走时会发出"嗖"的一声，巴里都能感觉到它振动双翅而形成的冲击波。

▶ 观察小海雀。一只狐狸正在专心致志地注视着一群小海雀筑巢的地方，随后藏身于岩石间。矛隼或海鸥经过这里会造成大量成年的小海雀逃离，此时它便一跃而起抓住一只小海雀，或者耐心等待它们飞回，在其着陆时趁机抓住一只。

向上跳起，像抓飞盘一样抓住小海雀。"巴里说道。但索菲称，雌狐不会冒着受伤的危险这么做，"它会等小海雀完全着陆，再趁其不备跳出来抓住小海雀"。

蜘蛛的方法

　　最引人入胜的故事当然少不了达尔文吠蛛，它在 2009 年达尔文诞辰 200 周年之际才正式有科学记录。这种蜘蛛吐出的丝在强度和弹性方面都远超其他材料，甚至其他蛛丝。它们的丝可以被"抛"至河流的对岸，形成一条桥绳，用以编织巨大的圆网。对于这种吐丝绝技，只有用高质量的微距镜头进行拍摄，再用慢镜头回放时才能一探究竟。

　　要拍摄达尔文吠蛛的这种习性不容易。首先，摄制组需要在马达加斯加的河流边找到这种小型蜘蛛。其次，他们需要判断这种蜘蛛会将丝"抛"到哪里的树枝或树叶上，而且摄像机必须和蜘蛛保持同一高度。最后，他们确定了理想的拍摄起点——精心布置的一棵树。

　　"它悬挂在一根树枝或者一片树叶上，绷紧下腹，"休·科尔代说，"吐出的丝像烟一般。那是一种你前所未见的画面。"达尔文吠蛛沿着扇形面吐丝，而非一条直线。摄制组还在回放镜头时发现，几乎每一秒这只蜘蛛都会收缩吐丝器，使其出现褶皱。蛛丝吐出来后被风一吹，就能拧结成线。如果蛛丝没能到达对岸，这只蜘蛛就会附在那根线上，重新开始。一旦蛛丝成功到达对岸的树上，这只蜘蛛便会继续加固蛛丝。随后，它回到蛛丝中间，在开始织网前选好一个中心点。

　　休在拍摄一种新型蜘蛛（这种蜘蛛拥有研究人员以往在非洲的物种中未曾发现的习性）快要结束时有了意外发现。他和研究蜘蛛的专家雷纳·多尔希一同在森林里散步时，多尔希说蜘蛛随处可见，并且指了指蛛网中心的一只蜘蛛。休停下脚步盯着它看了一会儿，发觉有点不对劲，于是轻轻地戳了戳，结果一只体形小得多的蜘蛛从那个"大

▲ **拍摄装备。**39 个背包和一行人（摄像师阿拉斯泰尔·麦克尤恩、制片人休·科尔代、司机乔尔和助理摄像师瑞安·阿特金森）在马达加斯加国际机场的停车场上。"这是我背过的最重的拍摄装备之一，"休说，"而且是为了拍一些小型动物。"

▶ **拍摄蜘蛛。**当地的几名协助者、阿拉斯泰尔和研究蜘蛛的德国科学家雷纳·多尔希看着瑞安架好移动摄像车——一种安装在陀螺平台上的装备，用以拍摄达尔文吠蛛横跨河流两岸的网。

▲ **伪装的蜘蛛。** 在非洲拍到的有史以来第一张诱饵蜘蛛的照片，这种蜘蛛在马达加斯加的安达斯巴曼塔迪亚国家公园里被休发现。这种蜘蛛十分珍稀——它仅用4条腿就能做一个自己的仿制品。

◄ **跨越河流。** 由无线电控制的陀螺仪稳定式移动摄像车被架在河流上方，准备好记录达尔文吠蛛织网的全过程。

蜘蛛"身后跳出来逃走了。"我立刻意识到这是一只诱饵蜘蛛，"他说，"因为我们正打算去秘鲁拍摄这一物种。"为了防备捕食者，小型诱饵蜘蛛会利用一些残渣碎片做一个比自己大很多的仿制品，只露出自己的8条腿，仿制品就放置在蛛网中心。上面这张照片展示了我们在非洲发现的第一只诱饵蜘蛛，并且这张照片是到目前为止拍摄的唯一照片。等休返回去拍摄时，那只蜘蛛已经不见了。

捕食者通力合作

不论是科学发现还是拍摄记录，我们在拍摄海洋动物期间创造了许多第一，主要是因为人们对海洋动物的习性和行为知之甚少，而且在辽阔且排斥人类的环境中进行观察和研究更是难上加难。另外，研究经费也让科学家承担不起。因此，科学家真的会拿英国广播公司（British Broadcasting Corporation，BBC）出品的大型系列纪录片中的镜头进行研究。对于纪录片《猎捕》中的画面，我们通常要经历数周的焦虑后才能如愿完成拍摄。

对于这次海洋拍摄计划，休·皮尔逊和团队成员打算拍摄沙丁鱼是如何与捕食者合作的，希望引来喜欢集体捕猎的条纹四鳍旗鱼群。但是，有一部分捕食者会采用不同的策略。他们没有等到条纹四鳍旗鱼，却等到了能吸引条纹四鳍旗鱼的鱼群。

要想深入海域，就必须有一艘能容得下整个摄制组（包括摄像师戴维·赖克特和道格·安德森）的船只，休预计需要在海上待三周才能拍摄到想要的镜头。第一周在一片几乎没有生命迹象的死寂的大海上度过，第二周亦是如此。倒数第三天，无线电报告指出了一群沙丁鱼在两天内往北迁徙时可能会经过的浅滩。戴维和休坐在一艘充气式小皮艇上下了海。就在那时，休意识到露出海面的鱼鳍并不是海豚的，而是成百上千只短尾真鲨，它们正在疯狂地分食迅速扩大的鱼群，同时享用沙丁鱼的还有从下方来的鲣鱼和从岸上来的海狮。这群享用食物的鲨鱼正处于极具攻击性的状态，不时撞击休和戴维乘坐的小皮艇，迫使他们远离这片区域。10分钟后，一切都结束了。正如道格所说，这是典型的海洋拍摄经历——头20天一无所获，等到最后三天实在忍无可忍时，真正的奖赏就来了。

他们发现的浅滩的面积如同一个大房间，海狮一开始在那儿没吃到什么食物，"它们似乎遭到了那群鱼的愚弄"。局势瞬息万变，一大群海鸥从高空直冲下来。紧接着，鲣鱼也到了，从下方进行攻击，将沙丁鱼赶到离海面更近的地方，使其簇拥得更紧，为其他捕食者提供方便。现在沙丁鱼开始进入防御状态，它们惊慌失措，挤成更紧密的球状。"你可以看出来它们的体力慢慢地耗尽了。"休说。最后，它们突然像乱了

▶ **空袭。**戴维·赖克特拍下海狮和海鸥一鼓作气捕食沙丁鱼的画面。鱼群还未来得及逃到大海深处就已被捕食者拦截在海面上，被叼上了岸。

套。道格说，"它们不再挣扎"，布氏鲸游过来，"一口就把它们全吞进了肚子里"。

发现水獭

休卜定决心要拍摄到秘鲁水獭——世界上最小的海洋哺乳动物，也是真正的边缘猎手。只有在南美洲波涛汹涌的大西洋海岸才能看到它们的身影。（不要把它们与北美洲的一种体形大得多的海獭搞混了。）这里的海水异常寒冷，水獭不得不消耗大量能量来取暖，它们只能疯狂地掠食。它们特别害羞。看到一只水獭冒出海面时，你只要把镜头对准它，它就会立刻潜入海中。这让摄像师马克·史密斯大伤脑筋。它们的习性鲜为人知。显而易见，和一只水獭一起潜水的机会微乎其微。不过，最后休发现了一个小水獭已经探测过的地方，从那里入海相对安全。他和摄像师道格·安德森在营地里等待着风平浪静的时刻，一个海浪不那么危险、海水清澈、适合拍摄的时刻。

锁定第一只水獭时，道格说，最大的惊喜就是"它居然那么小——体形只有欧洲水獭的一半"。为了避免吓到这个害羞的小家伙，他们给潜水服和摄像机做好伪装，并戴上呼吸器，以防呼吸时吐出一串泡泡。坚持一周终于有了回报，他们拍摄到了有史以来秘鲁水獭水下捕猎的第一个镜头。

◀ **从下方攻击。** 道格·安德森拍摄到一头布氏鲸吞下一群被困在海面上的沙丁鱼。

▶ **连一只水獭都看不到。** 海浪冲刷着智利海岸，马克·史密斯在找寻秘鲁水獭冒出海面的小脑袋。他发现，这些水獭的沿海领地延伸得很长，人们没办法在它们沿海岸前行时抬起三脚架追踪拍摄。这也是它们迄今都未出现在电视上的原因之一。

娇小的潜泳者

　　海洋哺乳动物中体形最小、最神出鬼没、最鲜为人知的一员，这样的描述让人看不到希望。事实也正是如此，摄制组没能发现任何有关秘鲁水獭家庭生活的线索，即便在它们的繁殖期也一无所获。不过，他们也得到了一些特别的回报：拍摄到了有史以来秘鲁水獭的第一个水下镜头，首次向人们呈现了它们的捕猎过程以及它们的体形如此娇小的原因之一。

　　对于秘鲁水獭而言，为了寻找足够的食物，就必须与时间赛跑。"它们潜入超乎所有人想象的深度——7~8 米，直接冲向大量猎物出没的水下巨石阵。"制片人休·皮尔逊说，"它们消失在岩洞里，不停地探寻，然后突然叼着一只螃蟹或一条鱼窜出来。"水下摄像师道格·安德森说："（它们）像洞穴探险家，体形轻盈瘦削，但凡再大一点点就会被卡住。它们面临的困难是一旦觉得冷了，就要抖动身体，直到暖和起来。这一切都不难从那张照片里看出来。"

▲ **有价值的工作。** 我们看到一只秘鲁水獭捉住螃蟹后爬上海岸。这一巨大的收获值得我们忍受海浪的冲刷和极度的寒冷。

▶ **专家级深潜。** 海面上波浪翻滚，水獭直接冲向海底的巨石阵，挤进岩石中，然后叼着一只螃蟹冲出海面。

1

2

3

4

无须躲藏时

　　北极地区的埃尔斯米尔岛上居住着一群有名的北极狼。它们禁止猎杀，因此丝毫不惧怕人类。从理论上说，这给了摄制组一个大好机会，让他们可以在北极狼捕猎时跟随其后。马克·史密斯说，当他们到达岛上时，那片苔原就像林肯郡的泥泞土地。他们跟着狼群走不了多远，就得花一小时把陷进泥地里的四轮车弄出来，那时狼群早已没了踪影。只有等地面硬化后，他们才能追踪拍摄它们捕食北极兔的过程。但在崎岖不平的地方，马克不得不把摄像机放入背包中保护起来。大多数时候，他必须站在四轮车上。他说："随后，你便会发现自己身处最可怕的苔原小丘之间。放眼望去，四周都是将近1米高的小丘。要么拼命往前开，

▼ **为北极兔驻足。** 马克·史密斯停下来拍摄聚集在苔原上的北极兔。他和制片人约翰·休斯已经开着沙滩车跟着巡视领地的狼群一整天了，燃料就快消耗完了，他们正要返回营地。图中仅呈现了狼群在埃尔斯米尔岛上的巨大领地中的一小片区域，仍旧封冻着的大海形成了天然的边界。那里的北极兔和麝牛数量充足，不会让狼群断粮。

要么将速度无限放慢，但无论怎么做都很痛苦。"等他赶上那只正在追逐以 48 千米 / 时的速度狂奔的北极兔的北极狼时，要么北极狼已经得偿所愿，要么北极兔已经逃脱。

最终，他拍摄到了 3 个至关重要的镜头，这要感谢那只母狼。经过三周的"相处"，它似乎同情起摄像师来。一天晚上，它过来待在营地附近，然后开始追逐一只北极兔。这让他捕捉到了高水准的关键镜头。当然，直升机里的杰米也用摄像机记录下了狼群捕猎的过程。

令摄制组惊讶的是北极狼对猎物的选择。当成年的北极兔和小兔的数量充足时，麝牛就会被北极狼忽略。确实如此，一些麝牛几乎就在狼窝附近休憩，但四周都是麝牛的骨头，它们显然也在捕食之列。摄制组最终从

空中拍摄到了北极狼猎捕麝牛的过程。杰米说："这是我所见过的最精彩的'对决'。"摄制组判断狼群会对牛犊下手，但这一次"它们挑选了一头成年雄性麝牛"（见第189页）。"它们直接冲了上去，"杰米说，"4只狼配合进攻，结果不言而喻。这场战斗持续了将近一小时。这头雄性麝牛被逼到一条河里。血腥的画面让人不忍直视。但就戏剧性而言，那绝对精彩。"

▲ **人情味**。几只不满一岁的北极兔簇拥着马克·史密斯，它们在这里嗅嗅那里啃啃。它们不怕人类（只怕狼群），并且总是充满好奇，不停地探索帐篷和各种设备。

▶ **营地巡视员**。一只雌狼在营地上来回走动，进行日常巡查。北极狼不仅有很强的好奇心，而且具有敏锐的观察力。我们就不难想象早期狼群与人类的关系是如何建立起来的了。

鲸类的战争

根据最新的观察结果，就戏剧性与规模而言，镜头中最为精彩的故事一定是澳大利亚西部海域里的虎鲸追捕座头鲸的过程。埃伦·侯赛因说，这给摄制组带来了一次紧张刺激、惊心动魄的经历。这很可能也是所有拍摄计划中赌注最高的一个，在不可预测的拍摄计划上投入巨额预算，就连专门研究鲸的生物学家也未曾目睹过这种场面。

这个拍摄计划的实施源自报纸上的一篇报道，其内容是对5个目击者的采访，那足以证明来自南极的座头鲸向北迁徙，前往它们的冬季繁殖地时，虎鲸曾于7月出现在宁格罗暗礁群附近，并且停留了几周。迁徙的队伍里包括怀孕的母鲸和沿途已分娩的母鲸。近岸海域是座头鲸的主要迁徙路径，母鲸和它们的幼崽借由海岸和礁石边缘来躲避虎鲸。

想得到拍摄的唯一机会，就必须先找到一群虎鲸，再尾随其后。鉴于它们行进的速度和距离，你要想如愿，只能与虎鲸研究专家约翰·托特德尔和他的西澳虎鲸研究小组、美国科学家鲍勃·皮特曼和他带领的美国国家海洋与大气管理局西南渔场科学中心合作，他们对于追踪虎鲸的行踪和观察其行为都十分在行。在虎鲸身上安装一个卫星追踪标签很不容易，因为虎鲸不仅比预计早到了几周，随后还不见了踪影。不过，它们的确在7月座头鲸经过时又返回来了。终于成功标记一头鲸后，埃伦将英国摄制组召集了起来。

摄制组行动的那天，虎鲸再次沿海岸前行。第二天，摄制组的船不够用了。"科学家说：'没戏了，它们很可能已经在回南极的路上了。'而我在脑子里想：'天哪，我的钱就这么全打水漂了。'"埃伦说。屋漏偏逢连阴雨。摄制组回来后，天气恶化，所有人被困在岸上整整一周。但就在他们快要放弃希望时，虎鲸再次出现在海岸边，朝北游去。两天后，小船赶上了它们，此时好戏即将上演。

"卫星追踪标签上传的声音表明虎鲸已靠近暗礁群，也就是座头鲸妈妈与其幼崽躲藏的地方。"埃伦说，"于是，我们知道会有事发生。

◀ **目击者。** 摄制组从暗礁群开始一路追随虎鲸。埃伦·侯赛因调整吊臂，将陀螺仪稳定式摄像机调至与海面平行。她的左侧是摄像师布莱尔·蒙克，他负责盯着监视器，控制摄像机。制片人休·科尔代则观察前方的状况。开船的是戴维·邦德。

我们到达那儿时，看到一头座头鲸和它的幼崽被虎鲸包围。这是一次高难度的拍摄。卢克·巴尼特站在小船上的最高处进行拍摄，道格·安德森用长杆支撑和操作水下摄像机，我则负责盯着监视器。座头鲸妈妈试图利用聚集在四周的小船作掩护。水面起伏，船只颠簸，一片混乱。"它拼命保护幼崽，但终究不敌虎鲸。它绝望不已，将小船顶出海面半个船身的距离。"在那一刻，"埃伦说，"你只记得专心致志地拍摄。只有停下来以后，你才会意识到，天哪，那个妈妈刚刚失去了自己的孩子。"埃伦说。

他们在第二天拍摄到了第二场猎捕好戏。虎鲸再次捕捉到座头鲸幼崽（见第46~47页）。"我们一直跟着它们，直到它们离开。"埃伦说，"道格则下海与它们待在一起。一头鲸如一辆货车般驶来，发出像喇叭一样的声音。热气不知从哪儿冒出来了。它直接冲进了虎鲸群中。我们不禁想，这很可能就是那个妈妈了。"

此时，直升机已经到达目标海域上空，里面坐着摄像师布莱尔·蒙克，他从斐济赶来。动用直升机需要大量的后勤支持和资金，包括沿着海岸飞行，每过几小时想办法补给燃料。但是，第一次空中拍摄就比其他所有拍摄行动都高效。"那是平静美好的一天，"埃伦说，"我们知道座头鲸妈妈和幼崽正朝暗礁群游去，小船离虎鲸越来越近。"

直到下午4点，虎鲸才开始行动。"从空中观察，你能看到它们的行为有所变化。"埃伦说，"它们组织严密，一起行动……暗礁群四周有好几头雌性座头鲸和幼崽，我们试图猜测虎鲸会攻击哪一头，以便对准镜头。但虎鲸随之分散开来，其中两头虎鲸总要时不时地侵袭一头落单的成年座头鲸，像护卫似的跟了它10分钟，都快把它赶跑了。"

那时，摄制组发现另外4头虎鲸包围了座头鲸妈妈和幼崽。"它们开始从各个角度不停地发动袭击，座头鲸妈妈挡开它们，急速摆动长长的胸鳍和巨大的尾巴。你能看出来它们有多小心，既要闪避又要围堵……从空中，你能清楚地看到虎鲸在座头鲸身边显得多么小巧，而座头鲸有多么可怕。突然，两头雄性座头鲸护卫赶来了。没人知道这些护卫是什么来头，但我们拍摄到这两头雄性座头鲸在保护雌性座头鲸和幼崽。座头鲸妈妈将幼崽驮到背上浮出海面，接着将幼崽驮到头部位置，不给袭击者可乘之机。雄性座头鲸会靠上去拦住虎鲸，用尾巴抽打它们，尽量将幼崽保护在中间。我们不停地为幼崽加油，有一瞬间，它被从妈妈背上撞下来，跌落在翻腾的海水里。我们以为游戏结束了，但座头鲸妈妈又成功地把幼崽弄回到了背上。那个过程持续

▲ **安全通道。**座头鲸妈妈和它的幼崽在浅海处的宁格罗暗礁群中游弋，试图躲避虎鲸的追击。它的旁边是一头巨型雄性座头鲸护卫。迁徙的大部队在远处更深的海域中行进。清澈的海水使我们能够从空中拍摄到它们的行动，而且一旦虎鲸出现，我们就能预估攻击地点在何处。

了 10 分钟。最终，它们得以逃脱。那是不可思议的 10 分钟，从未有人目睹过那样的场景。"埃伦说。

　　他们在两周内看到虎鲸的多次攻击，攻击的成功率超过 50%。这一事实加上早前的报道，使科学家得出结论：座头鲸幼崽是虎鲸经常捕食且容易获得的猎物。这种行为或许已经持续了上千年。如此一来，座头鲸的确需要演化出更大的体形来保护自己，对抗捕食者。道格·安德森表示，他就像被虎鲸带领着见证了演化的过程。他认为他们看到

▲ **搞定！** 摄像师布莱尔·蒙克和制片人埃伦·侯赛因在空中经历了意义非凡的7小时，他们成功地拍摄到了整个猎捕过程，事后露出满意的笑容——这种场面以前从未被目睹过，更别说被记录下来了。

◀ **列队迁徙。** 座头鲸妈妈让幼崽到自己背上来，随后加快速度。一头雄性座头鲸护卫紧随其后，随时准备击退袭击者。虎鲸极有可能在一年中的这个时候在这个地点发起攻击。由于幼崽毫无还手之力，它要想摆脱险境，雄性座头鲸的保护就显得尤为重要。

的这一群或许只代表了一小部分虎鲸，它们保留了捕鲸活动盛行前、座头鲸的数量尚可观时的文明行为。我们见证了它们的种群开始恢复——"促使人们重新思考以痛苦、悲惨和血腥结束的猎捕过程"。

才出油锅又入冰窖

极端气温和漫长等待在纪录片《猎捕》的拍摄过程中司空见惯。最热的地方是赞比亚。休·科尔代负责在白天拍摄豹的捕猎活动。他说："很热，非常热，极少低于40摄氏度。我们得在凌晨4点起床等待日出，因为9点之后，豹不会有任何行动，然后我们就会回到营地，在下午再次出发之前躺在床上任由汗水流淌。我在死亡谷露过营，这两个地方差不了多少。"车后座是敞开的，因此在没有任何遮挡物时，"我们需要忍受太阳的炙烤，摇臂上的金属滚烫，让你碰都碰不得。那种感觉就像坐在太阳底下，周围还有火炉"。

　　曼迪·斯塔克负责在晚上拍摄豹，那时要凉快许多。白天，她躺在温度高达 43 摄氏度的帐篷里，汗如雨下，难以入睡。在发电机运作的一两小时里，有一台风扇可以用，但那和吹风机的感觉相差无几。后来，她又去非洲的另一个极端之地——埃塞俄比亚高原进行拍摄。"很美，也很冷……我穿着好几层衣服睡觉，其中包括两套保暖内衣、一套运动紧身衣、一条长裤、一件防水衣物。另外，还有一个睡袋和一个热水壶。"曼迪说。

　　虽然条件艰苦，但那依然不失为一次美妙的体验。"美景、动物、猎捕，一起出现。"摄像师索菲·达林顿说，"有一天早晨异常寒冷——当年首次非常严重的霜冻，我的手指都快动弹不得。但第一缕阳光出现时，一只狼正蜷缩在它的猎物的窝里，背上全是凝霜。突然间，我们听到一声狼嚎。接着，那只狼竖起耳朵开始嚎叫。它背着光，太神奇了。这是我最爱的画面。"

　　对于工作人员来说，寒冷尚可忍耐，但如果设备受到影响，那才是真正的绝望。对于摄像师马克·史密斯和助手奥利弗·肖利来说，在下雪天拍摄北极狐捕猎是最困难的一次拍摄，不仅很难找到北极狐（那一年生活在加拿大的北极狐的数量急剧下降），而且 11 月通常也不会下雪。三周后，下了一点雪，温度骤然下降至零下 43 摄氏度，寒风刺骨。"我们想要以飞雪为拍摄背景，"马克说，"所以我们必须到雪中拍摄，但是一台摄像机的目镜被冻住了。我不停地把上面的冰刮掉，结果另一台摄

适应各种气候的狐狸。北极狐是拍摄主角之一，它们丝毫不受加拿大零下 40 摄氏度的寒冷天气的影响。摄像机都未能挺住，其中一台在拍摄北极狐时罢工了，另一台的目镜也被冻住了。摄像师马克·史密斯称这是他到过的最寒冷的地方。

像机又罢工了。那是我到过的最寒冷的地方，但狐狸完全没感觉。"

　　向导开着雪地摩托拉了一雪橇的设备。马克说："我们坐在雪橇上，向导拉着我们走了 48 千米，一路颠簸。一个半小时后，我们就能看到主角了。当我下车准备开拍时，体温低到我碰任何东西都会觉得特别冷。在试图用冻住的取景器和失去反应的摄像机拍摄时，我发觉双手几乎已经不能正常活动了。那是一次令人难忘的体验，我绝不想再尝试一回。"在拍摄北极狼时，在北极苔原上坐在雪橇上颠簸前行，也是非常痛苦的体验。"另外，"马克说，"在一场捕猎行动中和一群狼一同奔跑，是你所能拥有的最难以置信的经历。"

大型捕食者与连环窃贼

在拍摄筑巢的北极鸟类与其捕食者时，助理制片人索菲·兰菲尔和摄像师巴里·布里顿在偏远的斯瓦尔巴群岛中的一座小岛上拍摄到了大型的夏日画面。他们的住所是一座 4 米见方的矿工小屋，他们还要和一位挪威向导以及 25 箱设备共享。

尽管处于极昼时期，但只有 4 天放晴，其余 6 周不是下雨就是起雾。不过，他们还是拍摄到了与众不同的鸟类和哺乳动物。虽说北极熊不太可能造访那里，但他们每人都配备了一把信号枪，在屋子里放了一把来复枪。5 周过去了，唯一的造访者是一只爱舔锅的小北极狐。他们仅有的一次追踪还是历尽艰险在离大海 400 米处拍摄向大海俯冲的大贼鸥和海鸥。直到第 6 周，海鸽幼鸟才开始入海。摄制组最忙碌时，那位麻烦的来客出现在了岛上。

他们第一次发现北极熊是在从悬崖边返回营地准备补觉的路上。他们回到小屋所在地，发现门是开着的。"它自己打开了铰链，翻遍所有架子，吃光了所有东西，包括我的两根巧克力棒。"索菲说。它还打

◀ **斯瓦尔巴群岛上的小屋。** 这是旧时矿工们住的棚屋，摄制组在此住了 7 周。天气恶劣时（事实上，大多数时候是这样），摄制组只能缩在一间屋子里。

▼ **舔锅的家伙。** 这只小狐狸每晚闻着饭香准时出现。它在外面蜷成一团等候，盼望有人出来刷锅，并且落下点吃的。

开了放在外面的、上了锁的冷冻箱。"20 千克肉，还有芝士和酸奶，被它一扫而光。"索菲补充道。他们花了 3 小时清理现场，在门口设置障碍。为了防止北极熊返回，他们只好不睡觉。不出意外，凌晨 4 点门外响起了敲打声。他们通过怒斥、尖叫、捶墙吓唬它，但好景不长。

第二天从悬崖边回来时，他们看到北极熊朝小屋走去。那一刻，他们无能为力。午夜返回时，他们发现它就睡在小屋旁边，红酒顺着它的脸淌了下来。"这一次，它破坏得很彻底。"索菲说。北极熊把门拆成了碎片，还把所有东西都打开了，连装酒的箱子也没放过。她说："这比青少年的家庭派对还要糟糕。它摔碎了所有酒瓶，清空了每一个架子，打开了橱柜和碗柜，北极熊真是太灵巧了。它把毛和口水弄得到处都是。它不吃的东西只有金酒、酵母和洗洁精。"幸好罐头食品和意大利面放在阁楼里。东西被弄得到处都是，清理工作花了 4 小时。

现在别无他法，只能 24 小时盯着。那晚索菲拿着枪守夜，其他两

▶ **入侵过后。** 被北极熊破坏的棚屋正在修复当中，后门原本有铰链，但已被它扯坏。没有多余的木头，要修好棚屋基本上是不可能的。

▲ **偷肉贼。** 冷冻箱空空如也。这头北极熊吃光了所有的肉——整整 20 千克，还有乳制品。它熟练地弄出了冷冻箱里的食物，还仔细将酸奶罐子舔得干干净净。

▲ **狂欢过后。** 北极熊的盛宴留下的证据有巧克力包装纸和空酒瓶。罪魁祸首在棚屋旁边酣然入睡，嘴角还有红酒残渍。

◀ **证据确凿。** 储藏间的门被扯成碎片，所有能吃的东西都被吃了个精光。

人睡觉，这样才不会耽误白天的拍摄。"我知道北极熊有多聪明，它正在想下一次应该怎么做。"索菲说。

果然，它又出现在了窗边。他们的尖叫声再次将它吓跑，随后的爆炸声也起了作用。那个讨厌的家伙跑回海边，还真让人伤脑筋，巴里回忆时说。

他们回布里斯托尔时知道了北极熊是不折不扣的连环窃贼。最终，它再次闯进小屋，还打破了窗户。

危险的雨林

对于在厄瓜多尔拍摄的约翰尼·休斯来说，咬伤是一直困扰着他的难题。他说："兵蚁尤其让人伤脑筋。"在夜间拍摄时，有被毒蛇或者有毒昆虫咬伤的危险。但更危险的是在丛林里迷路，他说："一不留神转个身，就会朝错误的方向走去。"最后，他们沿路把丝带绑在树枝上，以确保能找到回营地的路。

对于阿德里安·西摩来说，在委内瑞拉拍摄角雕时，最让他着迷的是角雕与雨林融为一体的方法。"你既看不见也听不到角雕飞来，也可能一开始看到了，但很快它就从你的眼前消失了。而就在你以为它飞走了的时候，它又撞上了你……有一次，我爬到一棵离鹰巢 250 米远的树上，结果它用爪子打我的后背，它的同伴也参与了进来。"他说。

当然，这只角雕只不过是在预感到危险的情况下保护自己的孩子。摄制人员小心翼翼地在远处搭好脚手架，只在他们认为角雕妈妈不在巢中时才爬上去拍摄，结果发现最大的危险居然是爬上去这个过程。

制片人罗布·沙利文去那儿是为了拍摄研究角雕的科学家亚历山大·布兰科。布兰科博士研究角雕已有 20 年，他在它们的身上安装无线电发射器，以便监控它们如何应对栖息地支离破碎的问题。在这种情况下，他会爬上鹰巢，同时这也是他接受阿德里安采访的地方。他将一只巨型幼鸟包好带下来，给它戴上无线电发射器。就在他沿着树干向下移动、身子后靠让绳子承担体重时，固定点掉落，绳子直接从滑轮上滑落。

"他掉下树冠不见了——离地面高达 30 米。"罗布说，"我原本应该拍摄他沿绳索滑下，结果却录下了他掉落的瞬间。他的尖叫声在掉落过程中一直通过耳机钻进我的耳朵。我的第一个念头就是他死定了。"

他还奇迹般地活着，但是他的腰部和股骨严重受伤，这使他痛苦不堪。摄制人员用树枝和斗篷做了一个简易担架，走了将近 2000 米把他送回营地，随后开车颠簸了 5 小时来到一个能买到吗啡的地方。当他们终于赶到一家医院时，布兰科博士坚持让摄制人员回去继续拍摄，

▶ **高温作业。**这只角雕栖息在树顶上的巢穴里，因高温而不停地喘气。这张照片是从 40 米远的地方拍摄的。因为它习惯了出现在森林里的研究人员，所以拍摄人员没有花费太大气力。

◀ **幼鸟监视器。**亚历山大·布兰科博士的助手唐·布拉斯（左）在制片人阿德里安·西摩的协助下，温柔地将无线电发射器绑在这只5个月大的角雕身上，随后将其放回森林边缘的一棵木棉树上的巢穴里。

▶ **俯视。**正对着角雕筑巢的那棵树，罗布·沙利文在30米高的脚手架上坐了一整天，拍摄角雕的一举一动。角雕的父母对研究人员习以为常，无须躲藏。马特·埃伯哈德在同一个地方待了4周拍摄角雕幼鸟，又花了4周拍摄长大后的它学习捕猎的过程。约翰·艾奇逊在森林里的树上平台上用5周的时间记录下刚会飞的角雕及其父母的一举一动。

这样全世界的人们才能欣赏到他钟爱的鸟类并看到这些鸟所面临的问题。

戴好无线电发射器的幼鸟被毫发无损地放回巢穴里。布兰科博士4个月不能走路，也无法在大学里教书，这意味着他没有经费继续做研究（他自己出资，因为委内瑞拉的保护区也没有足够的资金）。现在，他重新开始推进这个项目，跟踪幼鸟的踪迹，观察它们的成长。

在野外总会有发生意外或者生病的风险，但拍摄纪录片《猎捕》时，捕食者极少对我们造成威胁。拍摄北极狼的约翰尼·休斯说："我见过它们有多么凶狠（在看到它们杀死来自另一个种群的闯入者后），如果它们真想做的话，可以杀死我们中的任何一个人，但我一直觉得很安全。"

海上拍摄是最危险的，并非因为可能遇到鲨鱼，而是工作人员可能掉进海里，甚至被船撞到。严格的风险评估和经验极为丰富的团队确保了这样的意外没有发生。当然，这也是唯一安全且成功归来的拍摄团队。

致　谢

本书和电视系列纪录片《猎捕》旨在从一个新的角度细致观察捕食者与猎物之间的动态关系。我们希望消除大家对名声不好的捕食者的一些误解，展现它们的真实样子——那些最令人钦佩的吃苦耐劳的形象，但是拍摄捕猎过程并不容易。猎捕行动不多见，捕食者也是无法预测的因素。要捕捉到追逐过程中的关键时刻，意味着必须恰好在正确的时间处于正确的位置。幸运的是，世界各地的科学家和野外工作人员用丰富的经验与知识为我们提供了帮助。我们时刻对他们为这部系列纪录片的播出和这本书的写作所做的贡献深怀感激之情。

所有转瞬即逝的精彩瞬间都出自意志坚定且才华横溢的摄像师之手。在此要特别感谢只有5个人却承担了50%以上拍摄任务的主要团队。

这支来自布里斯托尔银背影视公司的杰出制作团队不辞辛劳地拍摄了3年，才从自然界带回这么多新鲜的故事。没有最棒的制作管理团队的经济支持，这一切也是绝不可能实现的。我们为拥有一支优秀的后期制作团队感到非常幸运，他们用自己的专业技能，以最完美的方式呈现了这些画面。

我们也要感谢史蒂文·普赖斯极富感染力的原创配乐，并且为再一次邀请大卫·阿滕伯勒解说这部系列纪录片而感到荣幸，只有他的声音才能这般清晰，充满诗意和热忱。我和休还想感谢艾伯特·德佩特里罗，谢谢他委托我们出版此书；感谢代理商希拉·艾布尔曼对我们的友好支持；感谢图片编辑劳拉·巴威克、设计师塔拉·奥利里和编辑罗莎蒙德·基德曼·考克斯（他也是第7章的作者），他们坚持不懈的努力和坚定的决心确保了此书以最好的面目呈现在大家面前。

图片来源

说明：m= 中图，l= 左图，r= 右图，t= 顶图，b= 底图

1 Federico Veronesi；2~3 Pål Hermansen；4~5 Mark MacEwen/naturepl 的网站；6~7 Federico Veronesi；8 Alex Page；10~11 Federico Veronxesi

第 1 章　艰难的挑战
12~13 Paul Souders/WorldFoto；14~15 Renaud Haution；16~17 Will James Sooter/sharpeyesonline 的网站；18~23 Federico Veronesi；24~25 Daniel Rosengren；26~27 Silverback；28~31 Huw Cordey；32~33 Mark Mohlmann；34~35 Péter Fehérvári；36 Ilaira Mallalieu；37 Ramki Sreenivasan/Conservation India；38 Patricio Robles Gil/Minden Pictures/FLPA；39 Paul Souders/WorldFoto；40~41 Jenny E. Ross；42~43 Paul Nicklen/National Geographic Creative；44~45 Brandon Cole；46~47 Silverback；48~49 R. L. Pitman

第 2 章　森林——躲避与搜寻
50~51 Art Wolfe；52~53 Tim Laman/naturepl 的网站；54~55 George Sanker/naturepl 的网站；56 Malcolm Schuyl/FLPA；57 Donald M. Jones/Minden Pictures/FLPA；58~59 Tom Dyring；60~61 Pål Hermansen；62~63 Steve Winter/National Geographic；64~65 Suzi Eszterhas/naturepl 的网站；67~69 Javier Mesa；70~71 Emanuele Biggi/Anura.it 72 Mark Moffett/Minden Pictures/FLPA；74 Tim Laman/naturepl 的网站；75 Jurgen Freund/naturepl 的网站；76 Roman Wittig；77 Cristina M. Gomes；78~79 Alex Wild；80~81 Silverback；82 Christian Ziegler；83 Mark Moffett/Minden Pictures/FLPA

第 3 章　平原——无处藏身
84~85 Federico Veronesi；86~87 Daniel Rosengren；88~89 Paul Souders/WorldFoto；90~91 Federico Veronesi；92 Federico Veronesi；93 Ellen Husain；94~95 Silverback；96 Federico Veronesi；97~99 Dylan Smith；100 Ary Bassous；101 Jonathan Jones；102~103 Ary Bassous；104~105 John Aitchison；106~107 Silverback；108 Daniel J. Cox/NaturalExposures 的网站；109 Silverback；110~111

Daniel J. Cox/NaturalExposures 的网站；112~115 Will Burrard Lucas/burrard-lucas 的网站；116~117 Ben Cranke；120~123 Silverback；124~125 Paul van Schalkwyk

第 4 章　海岸——只争朝夕
126~127 Oliver Scholey；128~129 Kevin Schafer/Minden Pictures/FLPA；130~131 Tom Beldam；132~133 Andrew Mason/FLPA；134~135 Henk Schuurman/hscf.nl；136~137 Silverback；138 Kevin Flay；139 Silverback；140 Pete Bassett；141 Marcelo Flores；142~143 Mark MacEwen/naturepl 的网站；144~145 Paul Souders/WorldFoto；146~147 Oliver Scholey；148~149 Paul Souders/WorldFoto；150~151 Mandi Stark；152~153 Solvin Zankl/naturepl 的网站；154 Barbara Kolar/Brown Hyena Research Project；155 Frans Lanting；156~157 Ignacio Walker；158~159 Silverback

第 5 章　北极——受制于季节
160~161 Sergey Gorshkov/naturepl 的网站；162~163 Silverback；164~165 Paul Souders/WorldFoto；166~167 Paul Nicklen/National Geographic Creative；169 Silverback；170~171 Paul Nicklen/National Geographic Creative；172~173 Markus Varesvuo/naturepl 的网站；174 Auden Tholfsen；175 Mike Potts/naturepl 的网站；176~177 Jonnie Hughes；178~179 Silverback；180~181 Sergey Gorshkov/naturepl 的网站；182~183 SueForbesphoto 的网站；184~185 Silverback；186~187 Jonnie Hughes；188~189 Silverback；190~191 Paul Souders/WorldFoto；192~193 Silverback；194 Ole Jorgen Liodden/naturepl 的网站；195 Erlend Haarberg/naturepl 的网站；196~197 Sophie Lanfear

第 6 章　海洋——海中求生
198~199 Chris & Monique Fallows/naturepl 的网站；200~201 Gisle Sverdrup；202~203 Silverback；204l Kevin Flay；204m David Shale/naturepl 的网站；204r Solvin Zankl/naturepl 的网站；205l

Norbert Wu/Minden Pictures/FLPA；205m & r L. P. Madin,WHOI；206~207 Alex Tattersall；208~209 Brandon Cole；210~211 Silverback；212~214 Gisle Sverdrup；215 Brandon Cole；216~217 Jamie McPherson；219 Mark Jones/RovingTortoisePhotos；220 Brandon Cole；222~223 Jim Abernethy/Getty Images；224t David Shale/naturepl 的网站；224b Photo Researchers/FLPA；225 Danté Fenolio/anotheca 的网站；227t Danté Fenolio/anotheca 的网站；227b,228t Solvin Zankl/naturepl 的网站；228m & b Danté Fenolio/anotheca 的网站；230 Danté Fenolio/anotheca 的网站；231tl David Shale/naturepl 的网站；231tr Solvin Zankl/naturepl 的网站；231b Kevin Flay；232~235 Silverback

第 7 章　与捕食者同行
236~237 Rolf Steinmann；238~239 Richard Herrmann；240~241 Jonnie Hughes；242 Silverback；243 Huw Cordey；244~245 Mandi Stark；246 Jonnie Hughes；247 Silverback；248~249 Rolf Steinmann；250 Jesse Wilkinson；251 Jonnie Hughes；252~263 Luke Barnett；254~255 Silverback；256 Darren Clementson；257 Silverback；258 Darren Clementson；259 Huw Cordey；260~261 Gisle Sverdrup；262~263 Richard Herrmann；265 Silverback；266~267 Hans Rack；268~269 Adrian Seymour；270~271 Håvard Festø；272 Sophie Lanfear；273 Silverback；274~277 Huw Cordey；278~280 Gisle Sverdrup；281 Ignacio Walker；282~283 Silverback；284~287 Jonnie Hughes；288~291 Ellen Husain；292 Silverback；293 Ellen Husain；294~295 Oliver Scholey；296~299 Sophie Lanfear；300~301 Silverback；302~303 Adrian Seymour；304~305 Federico Veronesi；306~307 Brandon Cole

研究许可：(blue whale USA) National Marine Fisheries Service 16111；SEMARNAT (blue whale Mexico) 01577；(humpback Australia) Commonwealth Marine Reserves 2013/06844；Department of Parks and Wildlife FA 000114

图书在版编目（CIP）数据

猎捕 ： 动物世界生存之战 / (英) 阿拉斯泰尔·福瑟吉尔 (Alastair Fothergill), (英) 休·科尔代 (Huw Cordey) 著 ；魏波珣子等译. -- 北京 ：人民邮电出版社, 2025. -- ISBN 978-7-115-66654-3

I. Q95-49

中国国家版本馆 CIP 数据核字第 20258NY307 号

版 权 声 明

内 容 提 要

　　本书是 BBC 制作的具有里程碑意义的电视系列纪录片《猎捕》的同名图书，通过 200 多张摄人心魄的照片和精彩的文字描述，以全新的视角揭示了森林、平原、海岸、北极和海洋等不同环境中捕食者与猎物之间的非凡关系。从猎豹到非洲野狗，从虎鲸到北极熊，野生动物捕食的高超策略令人拍案叫绝，这些画面和故事将彻底颠覆你对野生动物生活的认知。

　　本书适合对自然探索感兴趣的读者阅读。

◆ 著　　　［英］阿拉斯泰尔·福瑟吉尔（Alastair Fothergill）
　　　　　　［英］休·科尔代（Huw Cordey）
　　译　　　魏波珣子　刘晓艳　黄睿睿　史星宇
　　责任编辑　刘　朋
　　责任印制　陈　犇

◆ 人民邮电出版社出版发行　北京市丰台区成寿寺路 11 号
　　邮编　100164　电子邮件　315@ptpress.com.cn
　　网址　https://www.ptpress.com.cn
　　北京利丰雅高长城印刷有限公司印刷

◆ 开本：889×1194　1/16
　　印张：19.5　　　　　　　2025 年 8 月第 1 版
　　字数：485 千字　　　　　2025 年 8 月北京第 1 次印刷
　　著作权合同登记号　图字：01-2023-2764 号

定价：138.00 元

读者服务热线：(010)81055410　印装质量热线：(010)81055316
反盗版热线：(010)81055315